FPGA 時代に学ぶ
集積回路のしくみ

博士（工学） 宇佐美 公良 著

コロナ社

ま　え　が　き

　本書は，ディジタル集積回路を初めて学ぶ人たちに向けた教科書である。パソコンの頭脳部である CPU や，スマートフォンの多種多様な機能を実現する SoC（System On a Chip）は，ディジタル集積回路の仲間である。また，FPGA は，内部の論理機能をユーザーが自由に変えられるディジタル集積回路である。ディジタル回路が，0 と 1 の電気信号で動作することを知っている人は多い。ただその先，ディジタル集積回路にはそもそも何が集積され，それがどんなしくみで動くのかを学ぼうとすると，素子について少し学ばねばならずハードルが若干高い。特に，情報工学や情報科学，システム工学，ロボット工学などを学ぶ学生は，電子工学を専門に学ぶ学生と異なり，カリキュラムの関係で必ずしも物性や量子力学を学んでいない。こういった学生が集積回路を学ぶ際に，素子の詳しい物性や電気的特性を理解するところから始めてしまうと，集積回路の話に行き着く前につまずくか，興味を失ってしまうということが少なくない。一方，演習授業や研究で，FPGA を使ってディジタル集積回路を設計し，機器を制御するといった機会がどんどん増えている。結果として，集積回路の基本的なしくみと設計方法を学ぶ人たちの裾野が広がっている。こういった現実をふまえ，本書では，ディジタル集積回路のしくみを学ぶうえで必要最小限の項目だけを厳選し，解説した。ディジタル集積回路のチップには，素直なオンオフ動作をするノーマルなスイッチ素子と，オンオフ動作もつなぎ方もまったく正反対の「あまのじゃく」なスイッチ素子が詰まっている。これらのスイッチ素子は，それぞれ自分の得意な場面で力を発揮するだけでなく，ときには不得意な部分を互いに補い合って動作する。小さなチップの中に広がるそ

んな理想的な世界を，少しでも感じていただけたら幸いである。なお，本書の内容は，著者が芝浦工業大学の情報工学科において，講義と演習で使用してきた資料をもとに書き下ろしたものである。

本書の使い方として，ディジタル集積回路の基本的なしくみを学ぶ読者は，1章から12章まで順に読んでいただきたい。一方，FPGA を使った演習等で，FPGA のしくみと Verilog HDL を使った設計について学ぼうとする読者は，1章から3章3.1節までざっと目を通した後，12章以降をお読みいただきたい。実際に FPGA に触れ，集積回路にさらに興味がわいたら，ぜひ3章に戻ってそこから先を読み進めていただきたい。少し発展的な内容は，まめ知識という名前のコラムにして載せた。

共著で書く場合と異なり，本書は一人で執筆したため，共著者間で互いに内容をチェックし合うような機会がなかった。このため，その分野の第一人者である二人の先生に，原稿の査読をお願いした。

FPGA と Verilog HDL の章（12〜14章）については，天野英晴教授（慶應義塾大学）に，また，集積回路の動作速度と遅延時間の章（5〜6章）については，黒田忠広教授（慶應義塾大学）に原稿を読んでいただき，たいへん有益なご指摘とアドバイスをいただいた。本書の企画段階で章立てを決める際には，佐々木昌浩准教授（芝浦工業大学）から貴重な助言をいただいた。また，コロナ社には，編集と出版の多大な労をとっていただいた。この場をお借りして，心より感謝を申し上げたい。

2019 年 3 月

宇佐美 公良

目　　　　次

1.　集 積 回 路 と は

1.1　なにが集積されているのだろうか ……………………………… *1*

1.2　スイッチ素子を使ってどんなことができるのか ……………… *2*

1.3　集積回路の発展の道筋とムーアの法則 ………………………… *6*

章　末　問　題 ……………………………………………………… *10*

引用・参考文献 ……………………………………………………… *11*

2.　スイッチ素子の正体とオンオフするしくみ

2.1　MOS トランジスタの基本構造 ………………………………… *12*

2.2　pn 接合の基礎知識 ……………………………………………… *14*

2.3　MOS トランジスタがオンオフするしくみ …………………… *18*

章　末　問　題 ……………………………………………………… *22*

3.　CMOS 組合せ回路

3.1　CMOS 論理ゲート回路 ………………………………………… *23*

3.2　CMOS 複合ゲート回路 ………………………………………… *25*

3.3　レイアウトパターン ……………………………………………… *27*

　　3.3.1　CMOS インバータのレイアウトパターン ……………… *27*

　　3.3.2　レイアウトパターンにおけるトランジスタの L と W … *31*

　　3.3.3　NAND 回路のレイアウトパターン ……………………… *34*

章　末　問　題 ……………………………………………………… *35*

引用・参考文献 ……………………………………………………………… 36

4. 集積回路の製造方法

4.1 製 造 の 流 れ ……………………………………………………… 37

4.2 フォトリソグラフィ ……………………………………………… 38

4.3 マ　ス　ク ……………………………………………………… 39

4.4 前　工　程 ……………………………………………………… 40

4.5 後　工　程 ……………………………………………………… 43

4.6 歩　留　り ……………………………………………………… 43

章 末 問 題 ……………………………………………………………… 44

引用・参考文献 ……………………………………………………………… 44

5. 集積回路の動作速度はどんなしくみで決まるのか

5.1 動作速度に影響を与える充電動作と放電動作 …………………… 45

5.2 MOS トランジスタを流れる電流 …………………………………… 50

5.3 集積回路における寄生容量 ………………………………………… 56

章 末 問 題 ……………………………………………………………… 59

引用・参考文献 ……………………………………………………………… 61

6. CMOS 回路の遅延時間

6.1 CMOS インバータの遅延時間 ……………………………………… 62

6.2 RC 遅延モデル ……………………………………………………… 67

6.3 RC 遅延モデルの応用 ……………………………………………… 70

章 末 問 題 ……………………………………………………………… 75

引用・参考文献 ……………………………………………………………… 76

7. スイッチとしての弱点と伝送ゲートのしくみ

7.1 スイッチとしての MOS トランジスタの弱点 …………………… 77

| 目　　　　次 | v |

7.2　伝　送　ゲ　ー　ト ……………………………………………… *81*

章　末　問　題 ……………………………………………………… *84*

8. CMOS 記憶回路と動作のしくみ

8.1　ラ　ッ　チ　回　路 …………………………………………… *86*

8.2　フリップフロップ回路 …………………………………………… *92*

8.3　SRAM　回　路 ………………………………………………… *96*

　8.3.1　SRAM のメモリセルの構造 ……………………………… *97*

　8.3.2　SRAM の読出し動作と書込み動作 ……………………… *98*

章　末　問　題 ……………………………………………………… *99*

9. 集積回路のタイミング設計

9.1　組合せ回路の遅延時間 ………………………………………… *100*

9.2　フリップフロップ回路の遅延時間とタイミング ……………… *102*

9.3　同期回路とタイミング設計 …………………………………… *104*

　9.3.1　セットアップ時間の制約 ………………………………… *104*

　9.3.2　ホールド時間の制約 ……………………………………… *109*

9.4　クロックスキューとクロックツリー生成（CTS）…………… *112*

章　末　問　題 ……………………………………………………… *115*

10. 集積回路の設計方式と設計フロー

10.1　設　計　フ　ロ　ー …………………………………………… *116*

10.2　RTL　設　計 ………………………………………………… *119*

10.3　セルライブラリ ………………………………………………… *120*

10.4　論　理　合　成 ………………………………………………… *121*

10.5　自動レイアウト ………………………………………………… *121*

10.6　タイミング検証 ………………………………………………… *125*

10.7　レイアウト検証 ………………………………………………… *126*

vi　　　　　　　目　　　　　　次

章 末 問 題 ………………………………………………… *127*

引用・参考文献 ………………………………………………… *127*

11. 低消費電力設計

11.1 集積回路の消費電力はなぜ注目を浴びるようになったのか ……… *128*

11.2 集積回路で電力消費が起こるしくみ ……………………………… *129*

11.3 代表的な低消費電力設計技術 ……………………………………… *133*

　　11.3.1 クロックゲーティング ………………………………… *134*

　　11.3.2 パワーゲーティング …………………………………… *136*

章 末 問 題 ………………………………………………… *140*

引用・参考文献 ………………………………………………… *140*

12. FPGA とそのしくみ

12.1 FPGA と は ……………………………………………… *141*

12.2 FPGA の内部構造としくみ ……………………………………… *143*

12.3 FPGA の設計手順 ………………………………………………… *150*

章 末 問 題 ………………………………………………… *152*

引用・参考文献 ………………………………………………… *153*

13. Verilog HDL の基本文法

13.1 モジュール単位で記述する ……………………………………… *154*

13.2 識 別 子 ……………………………………………… *155*

13.3 予 約 語 ……………………………………………… *155*

13.4 論 理 値 ……………………………………………… *156*

13.5 数値の表現方法 ……………………………………………… *157*

13.6 データ型と信号の定義 ……………………………………… *157*

13.7 演 算 子 ……………………………………………… *159*

13.8 書式とコメント ……………………………………………… *161*

章 末 問 題 ……………………………………………………………… *161*

14. Verilog HDL での RTL 記述方法

14.1 組合せ回路の RTL 記述方法 ……………………………………… *163*

   14.1.1 基本的な記述方法と assign 文 ……………………………… *163*

   14.1.2 条件によって代入値を変えたい場合の記述方法と function 文 …… *166*

14.2 順序回路の RTL 記述方法 ………………………………………… *169*

   14.2.1 フリップフロップやレジスタの記述方法と always 文 …………… *169*

   14.2.2 リセット付きレジスタの記述方法 ………………………… *172*

   14.2.3 カウンタの記述方法 ………………………………………… *174*

14.3 モジュールの階層化とインスタンス ……………………………… *175*

14.4 シミュレーション用記述 …………………………………………… *177*

章 末 問 題 ……………………………………………………………… *182*

引用・参考文献 ………………………………………………………… *182*

章 末 問 題 解 答 ……………………………………………………… *183*

索 引 …………………………………………………………………… *194*

1
集積回路とは

　私たちの日々の生活は，いまや集積回路なしには成り立たなくなっている。集積回路は，**半導体チップ**（または，単にチップ），あるいは，**LSI**（large scale integrated circuit），**IC チップ**と呼ばれ，複雑な処理を高速に行う電子部品である。パソコンはもとより，いまでは，スマートフォンや交通系 IC カード，テレビ，クルマに至るまで，ありとあらゆる物に入っている。そんな集積回路には，そもそもなにが集積されているのだろうか。

　この章では，初めにそれについて触れ，その集積されたものを使って，どのようなしくみで，どんなことができるのかを解説する。

1.1　なにが集積されているのだろうか

　CPU（central processing unit）や **FPGA**（field programmable gate array）に代表されるディジタル集積回路では，膨大な数の小さな**スイッチ素子**が集積されている。スイッチ素子は，上から見ると**図1.1**のような形をしている。一方，われわれの身の回りにあるスイッチは**図1.2**のような形をしていて，Aを指で押すとBとCの間が電気的につながり（導通する，またはオンすると

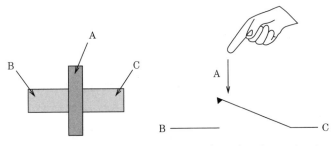

　　　図1.1　スイッチ素子　　　図1.2　身の回りにあるスイッチ

いう），Aから指を離すとBとCの間は電気的に切れる（非導通になる，またはオフするという）。図1.1のスイッチ素子も，働きは同じである。ただ，ものすごく小さいので指で押すことはできず，代わりにAにプラスの電圧をかけるとBとCの間（Aの下の部分）が導通する。Aにプラスの電圧をかけず0ボルト（0V）にすると，B-C間は非導通になる。

　このスイッチ素子の発明は画期的であり，その後の集積回路の爆発的な発展に寄与した。スイッチ素子の特長として，機械的な要素を介さずに電気的にオン・オフできること，またそれゆえにどんどん小さくできる可能性を秘めていたことが挙げられる。素子を小さくできれば，オン・オフをさらに高速に切り替えられる。こういった利点が，スイッチ素子を小さく作る技術（微細化技術）の開発に拍車をかけ，集積度と性能の向上につながった。

1.2　スイッチ素子を使ってどんなことができるのか

　集積回路にはスイッチ素子が集積されていることを述べたが，スイッチ素子を使ってどんなことができるのだろうか。それには，もう一つ重要なスイッチ素子を登場させなければならない。それは**図1.3**に示すスイッチで，Aから指を離した状態ではB-C間が導通しているが，Aを押すと切れるスイッチである。図1.2のスイッチと正反対の性質なので，本書では「あまのじゃくスイッチ」と名付ける。スイッチ素子としては，Aが0Vのときオンし，Aにプラスの電圧をかけるとオフする。あまのじゃくスイッチに対して，素直なオン・オフをするスイッチ（図1.2）を，本書では「ノーマルスイッチ」と呼ぶことにする。どちらのスイッチ素子も半導体技術で実現可能であり，素子の詳細については2章で述べる。

　さて，ここでは，ノーマルスイッチとあまのじゃくスイッチを使うとどんなことができるのか，見てみよう。ノーマルスイッチ1個とあまのじゃくスイッチ1個をつな

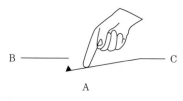

図1.3　あまのじゃくスイッチ

げて，**図 1.4** のような構造を作る．図中，あまのじゃくスイッチにはⓐのマークを付けてある．あまのじゃくスイッチの両端には，1.2 V の電源線[†]と出力端子を接続する．一方，ノーマルスイッチの両端には，0 V の線（グランド，接地）と出力端子を接続する．入力には，ノーマルスイッチとあまのじゃくスイッチに対し，同じものを入力する．この構造で入力が 0 V の場合と 1.2 V の場合，出力の電圧がどのようになるか見てみよう．まず，入力の電圧が 0 V のとき，ノーマルスイッチはオフするが，あまのじゃくスイッチはオンする．結果として，あまのじゃくスイッチが接続している 1.2 V が出力に伝わり，出力の電圧は 1.2 V になる．逆に，入力が 1.2 V のときは，ノーマルスイッチがオンし，あまのじゃくスイッチがオフするため，ノーマルスイッチが接続している 0 V が出力に伝わり，出力の電圧は 0 V となる．以上の動作をまとめたものを，**表 1.1** に示す．

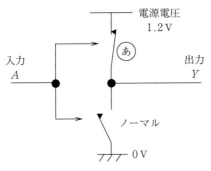

図 1.4 ノーマルスイッチ 1 個とあまのじゃくスイッチ 1 個をつないだ構造

表 1.1 図 1.4 の構造の動作

入力 A 〔V〕	ノーマル スイッチ	あまのじゃく スイッチ	出力 Y 〔V〕
0	オフ	オン	1.2
1.2	オン	オフ	0

ディジタル集積回路では，0 V を論理値 0 に対応させ，1.2 V を論理値 1 に対応させるので（**表 1.2**），表 1.1 の入力電圧と出力電圧の関係を論理値に置き換えると，入力論理値に対し**表 1.3** に示すような出力論理値が得られてい

[†] ディジタル集積回路で使用するプラスの電圧には，通常，チップに供給される電源電圧を使う．半導体製造プロセスの微細化とともに，使われる電源電圧は低下の歴史を辿ってきており，本書で扱う 65 nm プロセスでは典型的な電源電圧として 1.2 V が使われているため，この値を使って説明を進める．ほかの電源電圧の場合でも原理は同じであり，電圧の値を読み替えて理解が可能である．

表 1.2 論理値と電圧の対応

論理値 0	低い電圧 (0 V)
論理値 1	高い電圧 (電源電圧 1.2 V)

表 1.3 表 1.1 の入力と出力の電圧を論理値に置き換えたもの

入力 A	出力 Y
0	1
1	0

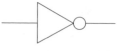

図 1.5 NOT 回路

ることがわかる。これは，入力論理値を反転して出力する **NOT 回路** の真理値表と同一であり，図 1.4 は NOT 回路を実現する構造であることがわかる。実際に集積回路の中では，図 1.4 の構造で NOT 回路を実現している。論理回路を学んだことのある読者は，NOT 回路は **図 1.5** の記号で表されることを知っていると思うが，これを「物理的に」実現するしくみが図 1.4 である。

ではつぎに，ノーマルスイッチ 2 個とあまのじゃくスイッチ 2 個を使うとどんなことができるのか，見てみよう。2 個をどのようにつなぐのかには，2 通りの方法がある。直列につなぐ方法と，並列につなぐ方法である。ここでは，ノーマルスイッチ 2 個を「直列に」つなぐ場合を考えよう。あまのじゃくスイッチは，とことん「あまのじゃく」にこだわるので，ノーマルスイッチが直列なら，あまのじゃくスイッチは並列である。こうやって接続した構造を **図 1.6** に示す。ノーマルスイッチを 0 V の側につなぎ，あまのじゃくスイッチを 1.2 V の側につなぐのは，NOT 回路の構造と同じである†。

図 1.6 の構造におけるスイッチのオン・オフと，その結果得られる出力電圧をまとめたものを **表 1.4** に示す。また，それをもとに論理値に置き換えたものを **表 1.5** に示す。どんな論理が実現され

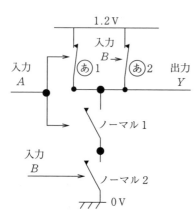

図 1.6 ノーマルスイッチを直列につないだ構造（あまのじゃくスイッチは並列）

---

† なぜこのようにつなぐのかについては，7 章で詳しく説明する。

1.2 スイッチ素子を使ってどんなことができるのか   5

表1.4 図1.6の構造の動作

入力 A〔V〕	入力 B〔V〕	ノーマル1	ノーマル2	ⓐ1	ⓐ2	出力 Y〔V〕
0	0	オフ	オフ	オン	オン	1.2
0	1.2	オフ	オン	オン	オフ	1.2
1.2	0	オン	オフ	オフ	オン	1.2
1.2	1.2	オン	オン	オフ	オフ	0

ているだろうか。すぐにはなかなか気づきにくいので，出力 Y を反転した値を表1.5の一番右の欄に記した。出力 Y を反転した値は，A と B の AND 論理（$A \cdot B$）の結果になっていることがわかる。ということは，反転する前の結果は $Y = \overline{A \cdot B}$，すなわち NAND 論理の値が得られていることになる。図1.6の構造で NAND 回路が実現できるわけであり，実際にこの構造が集積回路の中で使われている。

表1.5 表1.4の入力と出力の電圧を論理値に置き換えたもの

A	B	Y	$\overline{Y}$
0	0	1	0
0	1	1	0
1	0	1	0
1	1	0	1

　ここまでくると，今度はノーマルスイッチ2個を「並列に」つなぐと，どんな論理が実現できるか想像できるだろう。これについては，章末問題に載せたので，読者自身の手で動作をぜひ確かめてもらいたい。

　さらに，ノーマルスイッチの数を3個以上に増やすと，ノーマルスイッチの中で直列と並列を組み合わせた構造ができる。あまのじゃくスイッチはノーマルスイッチと同じ数だけ使って，とにかくノーマルスイッチとは正反対の接続を作る。こうすることにより，AND や OR が組み合わさった複雑な論理を一つの回路で実現できるようになる。これについては，3章で紹介する。

　このように，ノーマルスイッチとあまのじゃくスイッチの組合せにより，多種多様の論理回路が作れることがわかった。また，記憶回路もこれらのスイッチの組合せで実現できる。スイッチ素子をチップ上にどんどん集積することにより，複雑なコンピュータシステムが一つの集積回路で実現できるようになるため，集積回路の技術開発は，おもに集積度の向上に向けて発展を遂げてきている。集積度の向上がどれくらいのスピードで進んだのか，また，どうやって

6   1. 集 積 回 路 と は

集積度を向上させることができたのかについて，次節で解説する。

1.3　集積回路の発展の道筋とムーアの法則

　スイッチを使うと論理回路が実現できることは，比較的古くから知られてい
た。しかし，初期に作られたコンピュータでは，半導体のスイッチ素子はまだ
発明されておらず，Harvard Mark I（1944 年開発）というコンピュータではリ
レー（電磁石を使った継電器）が，また ENIAC（1946 年開発）というコン
ピュータでは真空管が，それぞれスイッチとして使われた。これらのスイッチ
は，サイズが大きく，消費電力も大きく，しかも故障しやすいという深刻な問
題を抱えていた。そういった中，1947 年にアメリカのベル研究所で，ショッ
クレー，バーディーン，ブラッテンがトランジスタを発明し，半導体のスイッ
チ素子として機能することが明らかになった。この功績により，3 人はノーベ
ル賞を受賞している。この発明の後，大量生産に向けたトランジスタの研究開
発が進められ，特に，**MOS**（metal oxide semiconductor）トランジスタと呼
ばれる半導体スイッチ素子が，材料としてシリコン（ケイ素）を使って大量生
産できるようになった。MOS トランジスタ（モストランジスタと発音する）
は，上から見ると図 1.1 に示した形をしている。詳しい話は 2 章で紹介する
が，MOS トランジスタには 2 種類あり，それらはたがいに正反対のスイッチ
動作をする。前述のノーマルスイッチとあまのじゃくスイッチの正体は，
MOS トランジスタだったわけである。

　MOS トランジスタの最初のアイディアは，1925 年にドイツ人物理学者リリ
エンフィールドによって出されていたが，当時は材料の問題があり，実現には
至らなかった。1960 年代には MOS トランジスタの製造が始まり，その後，現
在に至るまで半導体のスイッチ素子としての主役を演じ続けている。この理由
として，MOS トランジスタは小さく作ることができ，消費電力も小さく，故
障が少ないという特長を持っていたことが挙げられる。

　トランジスタを数多く半導体の上に載せることができれば，機器は小型化で

きるのではないか。この可能性に気づいて特許を取得したのが，アメリカのキルビー（Kilby）である。この発明は，今日の集積回路の原型となるものであり，この特許によって，キルビーの所属していたテキサスインスツルメンツ社は莫大な特許収入を得た。また，キルビー自身もこの発明によりノーベル賞を受賞している。

　MOSトランジスタを1チップに集積した世界初の商用CPU（インテル社の4004）が，1971年に開発された。その後，CPUのチップでは，集積されるMOSトランジスタの数がどんどん増えていく（**図1.7**）。縦軸は対数軸になっていることに注意しよう。チップに搭載される素子数が，インテル4004以降40年もの間，ほぼ3年で4倍のペースで増え続けている。4004の素子数は2 300個であったが，2009年に発表されたCPU（Core i7）では，7億3 100万個の素子が1チップに集積されている。個数にして4004の約32万倍の素子が，Core i7に搭載されているのである。ちなみに，素子数の増大はさらに続き，2018年の集積回路の国際学会（ISSCC）では，何と61億個のMOSトランジスタを1チップに搭載したサーバー向けマルチコアCPUがIBMから発表されている[1]。

　このように，1チップに集積される素子数が著しく増えたのであるが，これ

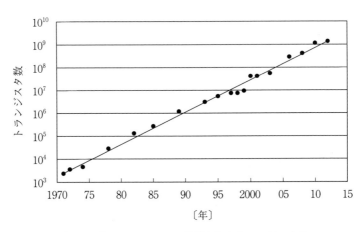

図1.7　インテルのCPUに集積されたトランジスタ数

を可能にするには，チップを大きくするか，素子を小さくするしかない。チップの面積はこの40年で若干大きくはなっているが，それ以上に大きく変化しているのが素子のサイズである。その製造技術での素子の最小寸法を**フィーチャーサイズ**（feature size）と呼ぶ。フィーチャーサイズの推移を示したものが**図1.8**である。1971年に開発された4004ではフィーチャーサイズは10 μmだったが，その後約40年間で，45 nmのフィーチャーサイズのMOSトランジスタが作れるようになった。2～3年ごとにフィーチャーサイズは30％小さくなり，それによって，同じチップ面積に2倍の数の素子を詰め込んでいる。素子を小さく作る技術を**微細化技術**と呼ぶ。ちなみに，45 nmという大きさはなかなか実感が湧かないので，身の回りのもので非常に小さいものと比べてみよう。光学顕微鏡では見えないといわれているインフルエンザウィルスの大きさが大体100 nmなので，それよりもさらに小さい。

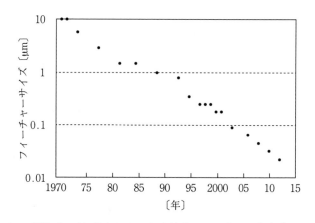

図1.8　インテルのCPUにおけるフィーチャーサイズ

さて，それほどまでに素子の大きさを小さくし，チップに詰め込む素子数を増やし続けているのであるが，増えた素子をいったいなにに使うのであろうか。

メモリのチップ（DRAM）では，増えた素子は記憶容量を増やすことに使われる。これに対し，CPUのチップでは，増えた素子を「性能向上」に使う。

1.3 集積回路の発展の道筋とムーアの法則   9

これはどういうことかというと，一つは，増えた素子を使って，並列動作する
ハードウェアを複数個チップ内に作る。それらを同時に並列に動かすことに
よって，性能向上を図る。マルチコアの CPU がそのよい例で，複数の CPU コ
アを一つのチップ上に搭載し，並列処理を行わせることで性能を上げている。

　もう一つは，キャッシュメモリである。キャッシュメモリは単にキャッシュ
とも呼ばれ，メモリ（メインメモリ，主記憶）よりも高速に動作する記憶回路
である。CPU は命令やデータをメモリから読み出しながら処理を行うが，
CPU の動作速度が著しく上がった反面，メモリの読出し速度がまったく追い
付けず，高性能化するうえでのボトルネックとなっていた。この対策が，
キャッシュである。キャッシュは，メモリより記憶容量は小さいが高速に読出
しができる。そこで，メモリから命令やデータを読み出したらそれをキャッ
シュに格納しておき，もう一度同じ命令やデータが読み出されるときには，メ
モリからではなくキャッシュから読み出すことで，時間を短縮する。通常のプ
ログラムには，同じ計算を何回も繰り返すループ処理が含まれることが多いの
で，キャッシュから読み出される頻度は高く，効果的である。さらに，キャッ
シュと CPU がやり取りする信号線を短くすれば転送速度を上げられるので，
キャッシュは別チップではなく CPU と同じチップ上に載せたい。この目的か
ら，キャッシュを搭載するために，増えた素子が使われる。これも性能向上の
ためである。

　チップに集積される素子数は 3 年で 4 倍のペースで増大し続ける。これを予
測したのがアメリカのムーア（Gordon Moore）であり，この予測は**ムーアの
法則**（Moore's law）と呼ばれている。ムーアはインテル社の設立メンバーの
一人であるが，設立前の 1965 年に，Electronics 誌に載せた論文[2]でこれを発
表している。**図 1.9** に示すように，横軸に年，縦軸に素子数の $\log_2$ の値を取っ
たグラフが示されており，素子数の $\log_2$ の値が直線的に増大（すなわち，素
子数が指数関数的に増大）していくという予測を示した。

　前に示した図 1.7 は，現実として生じた素子数の増大である。図 1.7 を見る
と，ムーアの予測した傾向がその後 40 年以上，延々と続いていることがわか

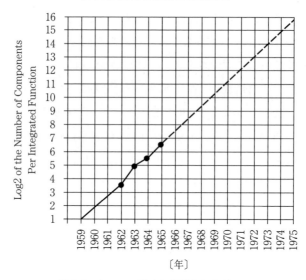

図1.9 ムーアの論文に掲載されたグラフ

る。予測したムーアの慧眼に感服せざるを得ないが，この傾向が続く背景には，じつはもう一つ重要な側面がある。ムーアの法則は半導体メーカーにとって，ある意味で明確な開発目標になったという側面である。競合他社が，3年後に4倍の素子数が集積できる微細化技術を持つようになるなら，自分達もおくれを取ることなく付いていかねばならない。そのために，設備投資と技術開発を行って，なんとしても達成しようとした。結果として，3年後に4倍の素子数が実現できてしまう。このしくみが続いているわけである。その意味で，ムーアの法則は自己充足的予言となった[3]という見方もされている。

章 末 問 題

【1.1】図1.10のように，ノーマルスイッチ2個を並列につなぎ，あまのじゃくスイッチ2個を直列につないだ構造を考える。図中のⓐは，あまのじゃくスイッチを示す。この構造におけるスイッチのオン・オフと，その結果得られる出力電圧はどのようになるか。**表1.6**に書き込め。さらに，この構造でどんな論理が実現されているかを答えよ。

章末問題

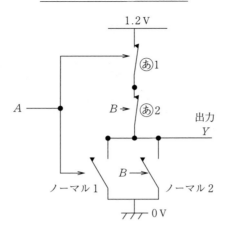

図1.10 ノーマルスイッチを並列につないだ構造(あまのじゃくスイッチは直列)

表1.6 図1.10の構造の動作

入力 A 〔V〕	入力 B 〔V〕	ノーマル1	ノーマル2	あ1	あ2	出力 Y 〔V〕
0	0					
0	1.2					
1.2	0					
1.2	1.2					

引用・参考文献

1) C.Berry, *et al*："IBM z14™：14nm Microprocessor for the Next-Generation Mainframe", ISSCC（2018）
2) Gordon E. Moore："Cramming more components onto integrated circuits", Electronics, Vol.38, No.8（1965）
3) IEEE Solid-State Circuits Society Newsletter, Vol.11, Issue 3, pp. 33-35（2006）

2 スイッチ素子の正体とオンオフするしくみ

　1章では，ノーマルスイッチとあまのじゃくスイッチを使うと，NOT回路やNAND回路等の論理回路が作れることを述べた。また，集積回路の中で，それらのスイッチ素子はMOSトランジスタであることについても触れた。本章では，MOSトランジスタの基本構造について述べ，ノーマルスイッチとあまのじゃくスイッチが実際にどんなMOSトランジスタなのか，またどのようなしくみでオンオフするのかを解説する。

2.1 MOSトランジスタの基本構造

　MOSトランジスタは，上から見ると**図2.1**（a）のような十字の形をしており，**ゲート**（gate），**ソース**（source），**ドレイン**（drain）の三つの部分からなる。図中の破線のところで切った断面が，図（b）である。

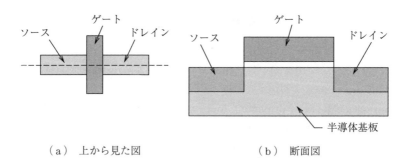

（a）上から見た図　　　　　（b）断面図
図2.1　MOSトランジスタ

　MOSトランジスタは，**図2.2**に示す**MOS構造**（MOS structure）をベースにしている。まず，ゲートが一番上にあり，その下に薄い酸化膜（**ゲート酸化膜**と呼ぶ）が形成され，さらにその下に半導体の基板がある，という3層構造

2.1 MOSトランジスタの基本構造

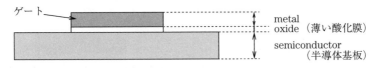

図 2.2 MOS 構造の断面図

である。ゲートは元々金属で作られたため，金属（metal）-酸化膜（oxide）-半導体（semiconductor）のそれぞれの頭文字を取って，MOS 構造と呼ばれる。なお，のちにゲートには金属ではなくポリシリコンが用いられるようになったが，MOS の名前はそのまま使われている。MOS 構造に対し，さらに，半導体基板にソースと呼ばれる部分とドレインと呼ばれる部分を形成したものを，**MOS トランジスタ**（MOS transistor）と呼ぶ。図 2.1 がそれである。

ところで，半導体基板と，ソース，ドレインの部分は何が違うのだろうか。これを知るには，半導体には p 型と n 型があること，さらにその二つを使って pn 接合ができることを理解しておく必要がある。習ったが忘れてしまったという人やちょっと自信がない人は，つぎの 2.2 節を読んでから，ここに戻ってくることを勧める。これについて基本的にはわかるという読者は，このまま読み進めて，この節のつぎは 2.3 節にお進みいただきたい。

さて，本題に戻ろう。半導体基板とソース，ドレインの部分の違いであるが，半導体基板が p 型半導体，ソースとドレインが n 型半導体になっていることに注意しよう（**図 2.3**）。基板とソースの間には pn 接合ができている。同様に，基板とドレインの間にも pn 接合ができている。このように，MOS トランジスタは，「MOS 構造と pn 接合の組合せ」で成り立っている。

p 型と n 型のバリエーションはもう一つできる。**図 2.4** に示す構造は，図 2.3 の構造の p 型と n 型をちょうど逆にした形になっており，基板が n 型半導体，ソースとドレインが p 型半導体である。じつは，この構造も MOS トランジスタである。両者を区別するために，図 2.3 を **nMOS トランジスタ**（nMOS transistor），図 2.4 を **pMOS トランジスタ**（pMOS transistor）と呼ぶ。ちなみに，nMOS は「エヌモス」，pMOS は「ピーモス」と発音する。また，nMOS

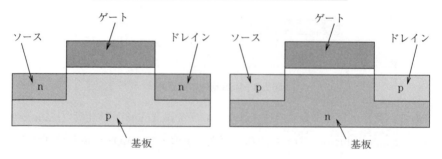

図 2.3 nMOS トランジスタの断面図　　**図 2.4** pMOS トランジスタの断面図

トランジスタは単に nMOS と呼ばれることもある（pMOS も同様）。

いま，図 2.3 の nMOS トランジスタのドレインを 1.2 V につなぎ，ソースを 0 V につないでおく。この状態で，ゲートを 0 V にすると，ドレインとソースの間には電流は流れない。ところが，ゲートを 1.2 V にすると，ドレインからソースに電流が流れるようになる。これはどういうことかというと，ゲートが 0 V だとソース–ドレイン間は非導通だが，ゲートを 1.2 V にするとソース–ドレイン間が導通する，ということである。これはまぎれもなく，ノーマルスイッチである。一方，図 2.4 の pMOS トランジスタは，ソースを 1.2 V，ドレインを 0 V につないだ状態で，ゲートを 0 V にすると導通する。さらに，ゲートを 1.2 V にすると非導通になる。これは，正真正銘，あまのじゃくスイッチである。このように，ノーマルスイッチの正体は nMOS，あまのじゃくスイッチの正体は pMOS と，はっきりとわかったわけだが，それぞれいったいどんな物理的な現象が起きてそんな振舞いをするのだろうか。これを 2.3 節で解説する。

2.2　pn 接合の基礎知識

本節は，半導体の p 型，n 型と pn 接合について，忘れてしまったという人やちょっと自信がない人向けの節である。

まず，半導体の代表選手であるシリコン（Si）は，周期律表の第 IV 族に属している。原子レベルで見ると，シリコンの原子核の周りを電子が回っている

モデルで考えることができ，電子の回っている一番外側の軌道を最外殻というが，シリコンの場合，この最外殻には4個の電子がある。最外殻にある電子のことを**価電子**（valence electron）と呼び，この価電子が半導体の性質を決めるのに非常に大きな役割を果たす。シリコン原子が1個ではなく，多数集まって規則正しく並ぶとそれが**結晶**（crystal）になる。2.1節で述べた半導体基板は，このシリコンの結晶を使っている。

結晶では，隣り合う原子どうしは最外殻にある電子（価電子）を共有して，安定した結合状態になることが知られており，この結合を**共有結合**（covalent bond）という。シリコンの原子は，隣り合う4個のシリコン原子と一つずつたがいに価電子を共有し合い，安定した結合状態になる（**図2.5**）。

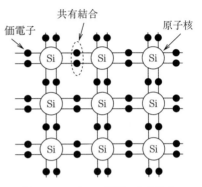

図2.5 シリコン原子の共有結合

この状態では，電子は強固な結合に使われており，ほとんど自由に動けない。電圧をかけても電子が移動できないので，結果として，シリコンでは電流がほとんど流れない。このように純粋なシリコンの結晶は絶縁体に近く，扱いにくいため，ほんの微量の他の元素をシリコン結晶に加えるという操作をする。この操作を**ドーピング**（doping），または**ドープする**（dope）といい，ドープされる元素のことを**不純物元素**（impurity element）と呼ぶ。いま，不純物元素として，リン（元素記号P）をシリコンにドープした場合を考える。リンとシリコンは，たがいに最外殻にある電子を共有した状態で結合する（**図2.6**）。ところが，リンは第V族の元素であり，価電子を5個持っているため，そのうち4個は隣り合うシリコンとの共有に使われるが，電子が1個余る。この余った電子はどの共有にも使われず，自由に動き回ることができる。この電子を**自由電子**（free electron）と呼ぶ。結果として，リンをドープしたシリコンは，電圧をかけると自由電子が正電圧に引き寄せられて移動するため電流が流れる。このように，自由電子が移動して電流が流れる半導体のことを**n型**

半導体（n-type semiconductor）と呼ぶ．上の例では，ドープする元素としてリンを挙げたが，同じ第Ⅴ族の元素のヒ素（As）を使ってもn型半導体ができる．

　n型半導体ではシリコンよりも価電子が一つ多い元素をドーピングに使ったが，価電子が一つ少ない元素を不純物元素に使うと，どんなことが起こるのだろうか．いま，シリコンより価電子が一つ少ない元素として第Ⅲ族のホウ素（B）を選び，これをドープした場合を考えよう．ホウ素の3個の価電子は，隣り合う4個のシリコン原子のうち3個と共有結合を作るが，残り1個のシリコン原子と共有結合するには電子が1個足りない（**図 2.7**）．電子の空席のような状態ができているため，この空席を**正孔**（または，**ホール**（hole））と呼ぶ．電子の抜け穴（hole）という意味である．この状態で電圧をかけると，近くにあるシリコン原子の電子1個がこのホールへ移動してそこに落ち着く．しかし，その電子のいたところが新たなホールとなって，今度はまた別の電子がそのホールに移動し，というようにつぎつぎにホールが移動していくように見える．ホールの移動する方向は電子の移動方向とちょうど逆であり，電圧をかけるとホールは負電圧[†]の側に移動していく．ホールが移動して電流が流れる半導体のことを**p型半導体**（p-type semiconductor）と呼ぶ．なお，このホールの移動では，実態としては「電子」が穴を**ホッピング**（hopping）しながら

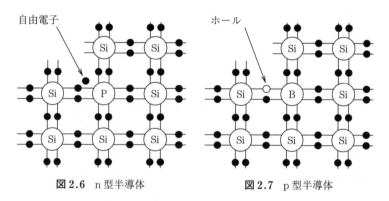

図 2.6　n型半導体　　　　　図 2.7　p型半導体

---

† 正電圧よりも低い電圧のこと．

2.2 pn 接合の基礎知識

移動しているということを頭の片隅に置いておこう。

n 型半導体と p 型半導体を接合させたものを **pn 接合**（p-n junction）という。接合は，p 型と n 型を物理的につなぐわけではなく，シリコンにドープする元素（リンやホウ素）の種類を領域によって変えることで，n 型半導体から p 型半導体に連続的に変化させることで実現する。図 2.8（a）のように，pn 接合の p 型領域に正電圧，n 型領域に負電圧をかけると，n 型領域に存在する自由電子（以下，電子と記す）が正電圧に引き寄せられ，接合面を突っ切って p 型領域を通過し，電池のプラス端子の方向に移動していく。これによって，電子の移動方向と逆の方向に電流が流れる。さらに，p 型領域に存在するホールは負電圧に引き寄せられ，接合面を突っ切って n 型領域を通過し，電池のマイナス端子の方向に移動していく。これによって，ホールの移動方向に電流が流れる。このように，電子，ホールともに接合面を突っ切って移動するため，電流が pn 接合を通って図中の矢印の方向に流れることになる。このような，p 型領域に正電圧，n 型領域に負電圧をかける電圧のかけ方を，**順方向電圧**（forward voltage）または**順バイアス**（forward bias）と呼ぶ。

これとは逆に，図 2.8（b）のように p 型領域に負電圧，n 型領域に正電圧をかけると，n 型領域に存在する電子は負電圧からは引き寄せられないので，接合面を突っ切って移動することはなく，また，p 型領域に存在するホールも，正電圧からは引き寄せられないため，接合面を突っ切って移動することは

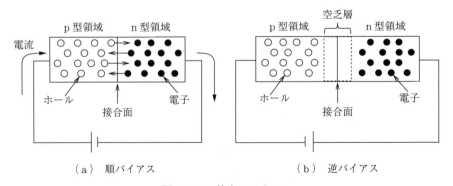

図 2.8　pn 接合のバイアス

ない。結果として，pn 接合を通って電流が流れるような現象は起こらない。なお，接合面近傍には電子もホールもいない領域（空乏層）が生じる。この電圧のかけ方を，**逆方向電圧**（reverse voltage）または**逆バイアス**（reverse bias）と呼ぶ。これで n 型，p 型，pn 接合の基本理解ができたと思うので，2.1 節の途中に戻って読み進めよう。

2.3 MOS トランジスタがオンオフするしくみ

まず，ノーマルスイッチである nMOS トランジスタについて，オンオフするしくみを説明する。**図 2.9** は nMOS の断面図であり，p 型基板がグランド（0 V）に接続されているものとする。また，B の部分には 0 V，C の部分には 1.2 V が与えられているとしよう[†]。A はゲートであり，いま 0 V になっているとする。B と基板の間の pn 接合では，p 型，n 型ともに 0 V であるため，この pn 接合は順バイアスにも逆バイアスにもなっていない状態（**ゼロバイアス状態**）にある。このとき，pn 接合を通して電流は流れない。また，C と基板間の pn 接合を見てみると，C が 1.2 V で基板が 0 V なので，この pn 接合は**逆バイアス状態**にあり，この pn 接合でも電流は流れない。結果として，C が 1.2 V，B が 0 V で C のほうが電圧が高いが，C から B へ電流は流れず C-B 間は非導通（オフ状態）になっている。

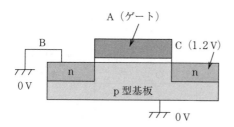

図 2.9 nMOS の B の部分を 0 V，C の部分を 1.2 V に接続した図（基板は 0 V）

[†] B と C は，一方がソースでもう一方がドレインであるが，どちらがソースになるのかについては，両者に与えられる電圧によって決まる。これについては，この節の最後に述べる。

2.3 MOSトランジスタがオンオフするしくみ

つぎに，BとCの電圧をこのまま変えずに，ゲートの電圧を0Vから少しずつ上げて行く。そうすると，ゲートの電圧がある値に達したとき，C-B間が電気的に導通して，CからBへ電流が流れるようになる。このときのゲートの電圧の値を，**トランジスタのしきい値電圧**と呼ぶ（英語ではthreshold voltageと呼び，V_tで表す）。V_tの値は，製造プロセスの世代（微細化の程度）によって異なるが，例えば，本書で例に挙げているゲート長65 nmの世代（電源電圧1.2V）では，V_tの典型的な値は0.3〜0.4Vである。ゲートの電圧をさらに1.2Vまで上げていくと，C-B間は電気的に導通した状態を保つ。ゲートの電圧を0Vに戻すと，C-B間が再び非導通になる。

このように，ゲートの電圧によって，C-B間が導通したり非導通になったりするわけだが，この謎を解くカギは，ゲート直下のp型基板の表面で生じる現象にある。これについて，**図2.10**を用いて説明する。

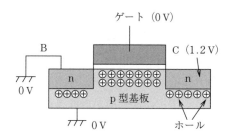

（a） nMOS ゲートの電圧が0Vのとき

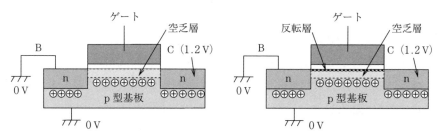

（b） ゲートにV_tより低い正電圧をかけたとき

（c） ゲートにV_t以上の電圧をかけたとき

図2.10 nMOSがオンオフするしくみ

20　　　　　2. スイッチ素子の正体とオンオフするしくみ

　まず，ゲートの電圧が 0 V のとき，ゲート直下の p 型基板の表面にはホール
がたくさん存在し，電子はほとんどいない。なぜなら，基板が p 型半導体だ
からである（図 2.10 (a)）。ゲートの電圧を，（V_t に達しない程度に）ほんの
少し上げると，ゲートが正電圧のため，電気的にプラスのホールはゲート直下
の p 型基板の表面から追い払われる（図 (b)）。一方，電子は，元々そこには
ほとんどいないので，ホールも電子もいない領域（**空乏層**（depletion layer）
と呼ぶ）ができている。

　ゲートの電圧を V_t まで上げると，ゲートの正電圧によって電子が引き寄せ
られ，ゲート直下の p 型基板の表面に電子の層が形成される。この電子の層
のことを**反転層**（inversion layer）[†]と呼ぶ（図 2.10 (c)）。ゲート直下の p 型
基板の表面だけ，電子の多い領域が出現して n 型になるわけで（このため反
転という），結果として B の領域–反転層–C の領域がすべて n 型でつながり，
電気的に導通する。ゲートの電圧を 0 V に戻すと，引き寄せられていた電子は
いなくなって反転層が消失するため，B と C の間は再び非導通になる。ゲー
ト直下の p 型基板の表面は，反転層が形成されると電流が通る経路になるた
め，**チャネル**（channel）と呼ばれる。

　図 2.9 に示した構造は，電子の反転層が形成され，B–C 間を電子が移動す
ることで電流が流れるので，電子（電気的にマイナス，negative）の意味合い
から，negative の頭文字を付けて nMOS と呼ばれる。なお，**nMOS では，B
と C で電圧が「低いほう」をソースと呼ぶ**。nMOS では，導通したときに電
流の運び手となるのが電子であり，電子の供給元（ソース）は，電圧の低い側
だからである。したがって，図 2.9 では，B がソースで，C がドレインである。

　つぎに，pMOS トランジスタがオンオフするしくみについて見てみよう。
pMOS では，**図 2.11** のように n 型基板を 1.2 V に接続し，B の部分を 0 V，C
の部分を 1.2 V にする。また，ゲートの電圧には 1.2 V が与えられているもの
とする。B と基板の間，C と基板の間の pn 接合は，それぞれ逆バイアスとゼ

---

　† 　反転層の電子は，ほとんど B の部分（n 型領域）から供給される。

2.3 MOSトランジスタがオンオフするしくみ

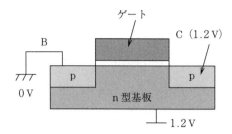

図 2.11 pMOS の B の部分を 0 V, C の部分を 1.2 V に接続した図（基板は 1.2 V）

ロバイアスになっているため，C-B 間で電流は流れない。この状態で，ゲートの電圧を 1.2 V から少しずつ「下げて」いくと，ゲートの電圧がある電圧に達したとき，C-B 間が電気的に導通して，C から B へ電流が流れるようになる。このときのゲートの電圧の値を，nMOS と同様，トランジスタのしきい値電圧と呼ぶ。なお，nMOS と pMOS ではしきい値電圧の値が異なるため，nMOS のしきい値電圧を V_{tn}，pMOS のしきい値電圧を V_{tp} と表記する。ゲートの電圧を 0 V まで下げても，この導通状態は続く。一方，ゲートの電圧を 1.2 V に戻すと，C-B 間は再び非導通になる。

pMOS トランジスタの導通・非導通のメカニズムは，nMOS トランジスタとちょうど反対である。基板の電圧が 1.2 V のため，ゲートの電圧を 1.2 V よりも低くしていって，しきい値に達すると，ゲート直下の基板表面に**ホールの反転層**（hole inversion layer）が形成され，C-B 間が導通する。C-B 間をホールが移動することで電流が流れるのだが，ホールは電気的にプラス（positive）であることから，pMOS と呼ばれる。ゲートが 1.2 V のとき非導通，ゲートが 0 V で導通する pMOS トランジスタが，あまのじゃくスイッチの正体であることがはっきりとわかる。なお，**pMOS では，B と C で電圧が「高いほう」をソースと呼ぶ**。ホールの供給元は，電圧の高い側だからである。したがって，図 2.11 では，C がソースで，B がドレインである。

ソース・ドレインの決め方等，覚えるのが大変だと思う人は，とにかくノーマルスイッチ（nMOS）だけ覚えよう。nMOS では，電圧の低いほうがソースだった。pMOS は徹底して「あまのじゃく」なので，nMOS と逆，と覚えておけばよい。

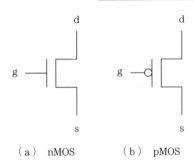

(a) nMOS　　(b) pMOS

図 2.12　nMOS と pMOS の記号（シンボル）

さて，今後 nMOS トランジスタと pMOS トランジスタを組み合わせて，いろいろな回路を作っていく際に，それらを表す記号（シンボル）があったほうが便利である。図 2.12 に，nMOS と pMOS の記号を示す。

図中，g はゲート，d はドレイン，s はソースである。pMOS の記号は，ゲートの部分に丸印（○）がついていることを覚えておこう。

章　末　問　題

【2.1】（1）図 2.13（a）に示す MOS トランジスタでは，X が 0 V に接続されているという。X と Y は，どちらがソースでどちらがドレインか。

（2）図（b）に示す MOS トランジスタにおいて，Y が電源電圧 1.2 V に接続されているという。X と Y は，どちらがソースでどちらがドレインか。

【2.2】（1）図 2.13（a）に示す MOS トランジスタで，A に電源電圧 1.2 V が印加されたとき，この MOS トランジスタはオンするか，オフするか。また，オンする場合，電子とホールどちらの反転層が形成されるか。

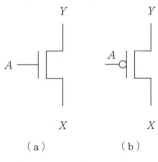

（a）　　（b）

図 2.13　MOS トランジスタ

（2）図（b）に示す MOS トランジスタで，A に 0 V が印加されたとき，この MOS トランジスタはオンするか，オフするか。また，オンする場合，電子とホールどちらの反転層が形成されるか。

3
CMOS 組合せ回路

2章では，nMOSトランジスタとpMOSトランジスタの構造と動作について述べたが，nMOSとpMOSを組み合わせると，いろいろな論理回路を作ることができる。

本章では，まず，NOT回路，NAND回路，NOR回路といった論理ゲートが，MOSトランジスタを使ってどのように実現されるのかを説明する。また，論理ゲートと同じ組合せ回路として，ANDとORからなる論理を一つの回路でコンパクトに実現できる，複合ゲート回路を紹介する。さらに，MOSトランジスタで構成された回路を，チップ上で実現するために必要なレイアウトパターンについて，例を見ながら解説する。

3.1 CMOS 論理ゲート回路

1章で紹介したノーマルスイッチとあまのじゃくスイッチからなるNOT回路は，nMOSとpMOSの記号を使うと**図3.1**のように書くことができる。これが正式な書き方である。図中，V_{DD}は電源，アースの記号はグランド（0 V）を示す。なお，グランドはGNDとも表記される。集積回路では，一般に電源をV_{DD}と表す。本書で扱う65 nmプロセスでは，1.2 Vが典型的なV_{DD}の電圧である。また，Aは入力，Yは出力である。なお，NOT回路は，集積回路の世界では**インバータ**（inverter：反転する物）と呼ばれる。

インバータは，nMOSとpMOSそれぞれ1個ずつ

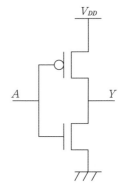

図3.1 nMOSとpMOSで構成されたNOT回路（CMOSインバータ）

からなっているが，nMOS と pMOS を 2 個ずつ使うと NAND 回路や NOR 回路ができる。図 3.2 は NAND 回路である。出力 Y には，$Y = \overline{A \cdot B}$ の値が出力される。図 3.3 は NOR 回路である。

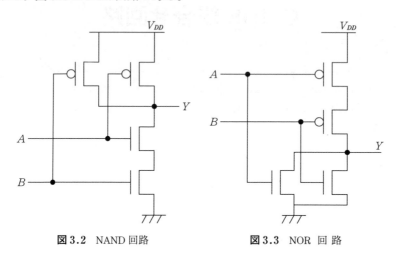

図 3.2　NAND 回路　　　　図 3.3　NOR 回路

このように，nMOS トランジスタと pMOS トランジスタの両方を使って構成する回路を，**相補的 MOS 回路**（complementary MOS circuit），通常，**CMOS 回路**と呼ぶ。CMOS はシーモスと発音する。このことから，図 3.1 の回路は，**CMOS インバータ**（CMOS inverter）と呼ばれる。

ちなみに，MOS トランジスタを使った CPU やメモリ等の集積回路が作られ始めた当初，CMOS 回路は使われていない。nMOS トランジスタと pMOS トランジスタの両方を同一チップ上に作る製造技術は，非常に難しく，まだ実用化されていなかったためである（まめ知識参照）。現在ではこの製造が可能であるため，ほとんどのディジタル集積回路が CMOS で作られている。

=====まめ知識=====
1971 年に世に出た世界初の商用 CPU チップ（インテルの 4004）は，pMOS トランジスタだけを使って回路を構成していた。その後，pMOS よりも動作速度の速い nMOS トランジスタだけを使って回路を構成する方式に変わり，8086 をはじめとする何世代かの CPU で 1980 年代の前半くらいまで使われた。この

方式では，2種類のnMOS（オンオフするEタイプと常時オンのDタイプ）を使って回路を構成したが，現在CMOSで当たり前のように得られているメリットが享受できなかった。例えば，CMOS回路では出力の電圧は0VからVDDまで変化するが，nMOSだけを使った回路ではその出力電圧振幅が得られず，動作マージンが小さかった。また，CMOSでは，nMOSかpMOSのどちらか一方が必ずオフするため，電源からグランドに定常的に電流が流れることはない。ところが，nMOSだけを使った回路ではこの電流が流れるため，消費電力が大きく，集積度を上げていくうえでの大きな壁となった。製造技術における種々の技術革新を経て，インテルは1985年に出した80386というCPUでCMOSに移行した[1]。それ以後，現在に至るまでCMOSの時代が続いている。

さて，NAND回路では，図3.2のように，nMOSが直列になっている。また，NOR回路では，図3.3のように，nMOSが並列になっている。NANDはAND系なので，「AかつB」の論理ということで，ノーマルスイッチであるnMOSが「直列」接続になることが直感的にわかる。一方，NORはOR系で，「AまたはB」の論理から，nMOSが「並列」接続になることもわかる。

では，pMOSはどうかというと，nMOSが直列になっている場合にはpMOSは並列になっている（NAND回路）。また，nMOSが並列になっている場合にはpMOSは直列になっている（NOR回路）。つまり，直列，並列の接続のしかたも，pMOSはnMOSに対して正反対（「あまのじゃく」）なのである。このことから，nMOSの直列，並列だけ覚えておき，pMOSはその「あまのじゃく」をやって接続すればよいことがわかる。

3.2 CMOS複合ゲート回路

nMOSを2個使うとNANDやNORを作れることがわかったが，nMOSを3個以上使うとどんなことができるのだろうか。nMOSを3個使うと，3入力のNANDやNORが作れることはすぐにわかるが，それ以外にnMOSの中で，例えば2個を直列にして残り1個をそれと並列につなぐといったことができるよ

うになる。この nMOS の接続を図にしてみると，**図3.4** のようになる。

A と B を入力に持つ nMOS が2個直列になっており，その直列のかたまりと，C を入力に持つ nMOS が並列になっている。この接続から類推すると，「A と B の AND を取ったものと C を OR する」論理ができあがっているように思われる。これに pMOS を付け加えてみよう。pMOS は，nMOS の接続に対して「あまのじゃく」をやればよいので，A と B を「並列」にしたものと C を「直列」につなぐ。pMOS を付け加えた回路を**図3.5** に示す。

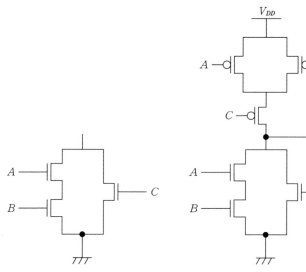

図3.4 nMOS の直列と並列を組み合わせた回路

図3.5 図3.4 に pMOS を付け加えた回路（CMOS 複合ゲート回路）

図3.5 の回路では，「A と B が両方1」または「C が1」のときのみ，Y が0になる。ちなみに，このとき pMOS を通って V_{DD} に至る経路はオフしていることに注意しよう。このことから，図3.5 の回路では

$$Y = \overline{A \cdot B + C} \tag{3.1}$$

という論理が実現されていることがわかる。ちなみに，・は AND，＋は OR の意味である。この図のように，一つの回路内で MOS トランジスタの直列・並列接続を組み合わせて，AND と OR が混在した論理を実現する回路を **CMOS**

複合ゲート回路（CMOS complex gate circuit，または単に，**複合ゲート**（complex gate））と呼ぶ。

　上記の論理を AND ゲートや OR ゲートを使って実現しようとすると，A と B の AND を取った後，OR を取って，その出力を反転するので，AND ゲート–OR ゲート–インバータの 3 段の論理ゲートが必要である。もしくは，後半の OR ゲート–インバータを NOR 回路で実現するなら，AND ゲート–NOR 回路の 2 段の論理ゲートが必要である。通常，AND ゲートは NAND 回路とインバータで作るので計 6 個の MOS トランジスタが必要である。また，NOR ゲートは 4 個のトランジスタからなるので，結局，「AND ゲート–NOR 回路」で実現すると，トータル 10 個の MOS トランジスタが必要になる。一方，図 3.5 の複合ゲート回路は，nMOS と pMOS が 3 個ずつ（計 6 個）の MOS トランジスタで構成されており，同じ論理を AND ゲート–NOR 回路で実現する場合に比べ，60 ％のトランジスタ数で済むことがわかる。トランジスタ数が少ないということは，小さい面積でできることにつながる。

　このように，MOS トランジスタの直列と並列を自由自在に組み合わせることにより，一つの回路で複雑な論理関数を実現できる。これが CMOS 回路の大きな利点の一つである。

3.3　レイアウトパターン

3.3.1　CMOS インバータのレイアウトパターン

　nMOS と pMOS を使っていろいろな論理回路が作れることがわかったが，実際にそれらをチップの上で実現するには，どのようにすればよいのだろうか。2 章で，nMOS と pMOS の断面図をそれぞれ見たが，nMOS と pMOS を同一チップ上で実現して作る CMOS インバータは，**図 3.6**（a）のような断面構造をしている。また，この CMOS インバータの上面図を図（b）に示す。

　まず，図（a）に示す断面図を見て，nMOS と pMOS のそれぞれに対し，どこがゲートでどこがドレインとソースかを確認しよう。A の部分がゲートで

28　　　　　　　　　3. CMOS 組合せ回路

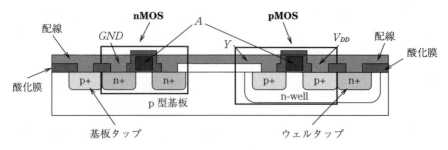

（a）　断面図

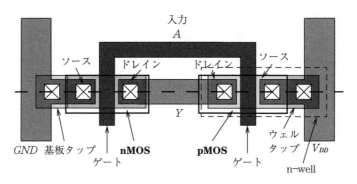

（b）　上画図

図 3.6　CMOS インバータ

ある。ゲートはポリシリコンで作られていることを思い出そう。

　この断面図には，注目すべき箇所が二つある。一つは，pMOS の部分にある **n-well** である[†]。前章で学んだように，nMOS は p 型基板の上に作られるが，pMOS は n 型基板の上に作られる。ところが，チップを作るには，母体として p 型基板か n 型基板かのどちらかを選択せざるを得ない。nMOS と pMOS の「両方」を同じ基板上に作る知恵が，n-well である。n-well は p 型基板上に作られた n 型の領域で，n 型基板と同じ役割をさせて，その中に pMOS を作る。nMOS は，そのまま p 型基板上に作ればよい。なお，断面図の中で，n+ や p+ といった表記が出てくるが，これはドープされた不純物元素の濃度が高い部分を指す。ソースやドレインではドーピングの濃度が高いのに対し，p 型基

[†]　n-well はエヌ・ウェルと発音する。well は「井戸」の意味。

3.3 レイアウトパターン

板や n-well では濃度が低い。さらに，p 型基板は *GND*，n-well は電源 V_{DD} につなぐ必要がある。これを行うため，基板上に p 型の**基板タップ**（ホウ素を多量にドープした p 型領域）を作っておき，配線で基板タップと *GND* を接続する。また，n-well 内には n 型の**ウェルタップ**（well tap, リンを多量にドープした n 型領域）を作っておき，配線でウェルタップと V_{DD} をつなぐようにする。

　もう一つ注目すべき点は，断面図に描かれた**配線**（wiring）の部分で，一番左側の配線は *GND*，一番右側の配線は V_{DD} につながる。一方，真ん中の配線部分は，nMOS のドレインと pMOS のドレインをつなぐ配線で，CMOS インバータの出力信号 *Y* はここに出てくる。ちなみに，これらの配線は，太さが 100 nm といったきわめて細い金属で作る。元々，アルミニウムが使われていたが，現在ではさらに電気抵抗の小さい「銅」が使われている。なお，断面図で，配線と基板に挟まれた部分は絶縁膜であり，シリコンの酸化膜で作られる。ゲートと配線，さらに配線と基板がショートすると正しく動作しないので，それらを電気的に絶縁させている。

　つぎに図 3.6（b）の上面図を見て，どこが nMOS でどこが pMOS かを確認しよう。入力 *A* の部分は，1 本のポリシリコンで作られており，nMOS と pMOS のゲートがこのポリシリコンでつながった形になっている。CMOS インバータでは，入力 *A* が，nMOS のゲートと pMOS のゲートに共通でつながっているが，これが 1 本のポリシリコンで実現されている。また，pMOS の下に，n-well が破線の四角で描かれていることに注意しよう。図中の ⊠ は，**コンタクトホール**（contact hole）と呼ばれる部分で，ソースやドレインの部分と配線部分をつなぐためのものである。なお，この上面図は，**レイアウトパターン**（layout pattern）と呼ばれる。レイアウトパターンは，**レイアウト図**（layout diagram，もしくは単にレイアウト）とも呼ばれる。集積回路の設計では，最終的にこのレイアウトパターンを作る。製造では，このレイアウトパターンがチップに転写されて，MOS トランジスタや配線ができあがる。

さて，こんどは**図3.7**(a)に示すレイアウトパターンを見ていただきたい。じつはこの図も，CMOS インバータのレイアウトパターンである。図3.6(b)の上面図を反時計回りに90度回転させたものを図3.7(b)に載せたので，比べてみよう。大きな違いは入力 A の形である。入力 A は pMOS と nMOS のゲートになる部分であり，ポリシリコンで作られるが，図(b)ではカタカナの「コ」の字を左右反対にしたような形になっている。一方，図(a)の最大の特徴は，入力 A のポリシリコンが一直線に pMOS と nMOS を貫通した形になっていることである。結果として，ポリシリコンの長さが図(b)より短くて済む。ポリシリコンは金属配線より抵抗が大きく，長さはできるだけ短いほうが入力信号の伝達が速いので，実際のディジタル集積回路では図(a)のレイアウトパターンが好んで使われる。

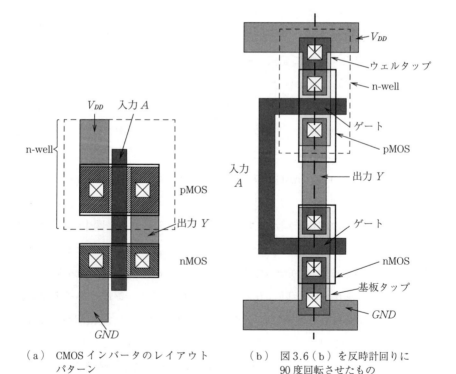

(a) CMOS インバータのレイアウトパターン

(b) 図3.6(b)を反時計回りに90度回転させたもの

図3.7 CMOS インバータの2種類のレイアウトパターン

3.3.2 レイアウトパターンにおけるトランジスタの L と W

レイアウトパターンでもう一つ重要なのが，nMOS と pMOS の寸法（サイズ）である。MOS トランジスタの性能に最も影響するのが，**ゲート長**（gate length, L）と**ゲート幅**（gate width, W）である。それぞれどの部分のサイズなのかを理解するために，MOS トランジスタ単体の上面図を**図 3.8**（a）に，立体図を図（b）にそれぞれ示す。

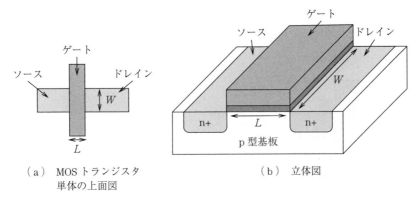

（a） MOSトランジスタ
 単体の上面図

（b） 立体図

図 3.8 MOS トランジスタの L と W

L と W がどの部分の大きさかを確認しよう。とはいえ，なかなかピンとこない人はこんなイメージをしてみるとよいかもしれない。図 3.8（b）は nMOS であるが，ゲートにプラスの電圧がかかると，ゲートの下に電子が引き寄せられチャネルができる。これによってドレイン-ソース間が導通し，電流が流れるようになるわけだが，ドレインからソースへの水路に水が流れる様子を想像してほしい。水路の幅（W）が広ければ広いほど，水はたくさん流れる。これと同じで，ゲート幅（W）が大きいほど，電流が多く流れる。

一方，L のほうは，チャネル（水路）ができたときに，ドレインからソースまでどれくらいの距離だけ水を流さねばならないのか，という距離（長さ）にあたる。生成された水路の底はデコボコで，水が流れにくいと思ってほしい。水をたくさん流すには，水路の長さを短くする必要がある。MOS トランジスタもこれと同じで，導通したときのチャネルは電気抵抗が大きく，電流を多く

流すにはチャネルの長さ（図の L）をできるだけ短くする必要がある。このような理由から，L の大きさは，通常その製造プロセスで加工できる最小寸法を選ぶ。これに対し，W のほうは，大きくすれば電流をたくさん流すことができるが，面積が大きくなるので，そのトレードオフを考えてサイズを決める。

nMOS と pMOS では，通常，L は同じ大きさ（最小寸法）であるが，W の大きさは異なることが多い。CMOS インバータにおいて，pMOS の W（W_p）と nMOS の W（W_n），および，L の長さがどこなのかを，図 3.9 に示す。

レイアウトと回路図の関係をより深く理解するために，つぎの例題を解いてみよう。

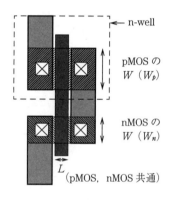

図 3.9　CMOS インバータにおける W_p，W_n と L

【例題 3.1】

図 3.10 は，ある CMOS 回路のレイアウトパターンである。なお，図では 1 グリッド（1 目盛）が 60 nm で書かれており，① は電源（V_{DD}），② はグランドにつながれている。また，この回路は p 型基板上に形成されており，ウェルタップと基板タップは省略されているとして，つぎの問題に答えよ。

（1）図 3.10 のレイアウトパターンから MOS トランジスタを抽出し，回路図を書け。どんな回路が実現されているか。

（2）MOS トランジスタ 1 と 2 はどちらが nMOS でどちらが pMOS か，答えよ。その理由も示せ。

（3）nMOS の L と W はそれぞれいくつか，答えよ。

（4）pMOS の L と W はそれぞれいくつか，答えよ。

3.3 レイアウトパターン

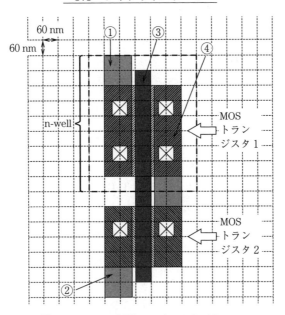

図 3.10 CMOS 回路のレイアウトパターン

【例題 3.1 の解答と解説】

（1） MOS トランジスタと接続を抽出すると，**図 3.11**（a）のような回路図になる。見やすいように形を整えたものが図（b）であり，CMOS インバータが実現されていることがわかる。

（2） MOS トランジスタ 1 が pMOS，MOS トランジスタ 2 が nMOS である。理由

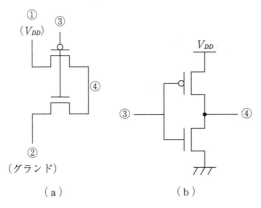

図 3.11 レイアウトパターンから抽出した回路

は，MOS トランジスタ 1 が n-well 中に作られているためである。
(3) nMOS（MOS トランジスタ 2）のゲートは ③ の部分である。L は 1 グリッドの長さなので 60 nm。W は 4 グリッドあるので，60 nm×4＝240 nm。
(4) pMOS（MOS トランジスタ 1）の L は 60 nm。W は 6 グリッドあるので，360 nm。

3.3.3 NAND 回路のレイアウトパターン

NAND 回路のレイアウトパターンを図 3.12（a）に示す。注意すべき点が 2 か所あり，一つ目が nMOS の側の 2 本のゲートで挟まれた部分（T1 と記された部分）である。この部分では，左側の nMOS のドレインと，右側の nMOS のソースが共有されている。この部分の断面図を図（b）に示すので，どこがどこに対応しているのかを見比べてほしい。結果的に，左右二つの nMOS が T1 の部分で直列につながっていることになる。もう一つは，pMOS の側の 2 本のゲートで挟まれた部分（T2 と記された部分）である。この部分では，左右二つの pMOS がドレインを共有しており，結果的に左右二つの pMOS がこ

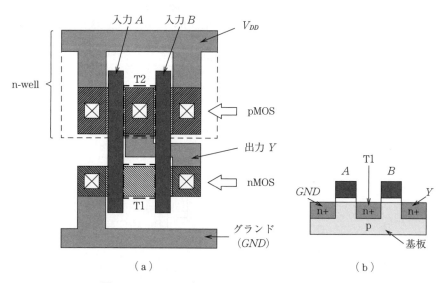

図 3.12　NAND 回路のレイアウトパターンと断面図

こで並列につながっている。

　これらのことに注意して，MOS トランジスタを抽出して回路図を書くと，**図 3.13** のようになる。これでも接続は正しいが，見やすいように形を整えると**図 3.14** のようになり，NAND 回路が実現されていることがわかる。

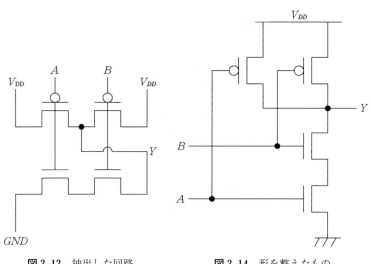

図 3.13　抽出した回路　　　図 3.14　形を整えたもの

章 末 問 題

以下の問題では，・は AND，＋は OR を表すものとする。

【3.1】 CMOS の 3 入力 NAND 回路（$Y = \overline{A \cdot B \cdot C}$）の回路図を書け。

【3.2】 四つの入力 A, B, C, D に対して，論理関数
$$Y = \overline{(A+B) \cdot (C+D)}$$
を実現する CMOS 複合ゲート回路を作れ。回路図を書くこと。

【3.3】 図 3.15 は，ある CMOS 回路のレイアウトパターンである。なお，この回路は p 型基板上に形成されているとして，つぎの問題に答えよ。
（1）どんな回路が実現されているか。回路図を書け。
（2）Y に実現される論理関数を論理式で答えよ。ただし，入力は A と B とする。

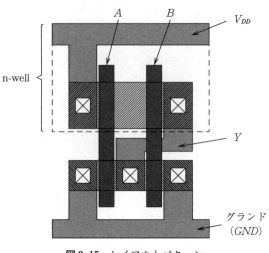

図 3.15　レイアウトパターン

引用・参考文献

1) Khaled A. El-ayat, Rakesh K. Agarwal："The Intel 80386 – Architecture And Implementation", IEEE Micro, Vol. 5, No. 6, pp. 4-22（1985）

4

集積回路の製造方法

3章で説明したレイアウトパターンが，集積回路の設計工程での最終データであり，このデータが製造工程に渡されて集積回路の製造が行われる。本章では，レイアウトパターンからどのようにして微細なMOSトランジスタや配線が作られ，チップとして製造されるのかについて見ていく。

4.1 製造の流れ

設計工程で作られたレイアウトパターンが，製造工程でチップに転写されてMOSトランジスタや配線が作られるのだが，集積回路は，小さなチップにいきなりレイアウトパターンを転写して作るのではない。製造の出発点は，大きな円柱状のシリコンの塊であり，**インゴット**（ingot）と呼ばれる。最近では，インゴットには，直径が30cm程度で長さが1m以上ある，非常に純度の高い円柱状のシリコン単結晶が使われる。このインゴットを薄い円盤状にスライスしたものが，**ウェハ**（wafer，**シリコンウェハ**（Si wafer）とも呼ばれる）である。このウェハが基板となる。ウェハにはp型半導体のものとn型半導体のものがあるが，以下，p型半導体のウェハ（p型基板）を使う場合を想定する。

集積回路の製造では，1枚のウェハ上に数十個から100個程度のチップを同時に作る。この工程は，ウェハに対してMOSトランジスタや配線を作っていく工程で，**前工程**（front-end process）と呼ばれる。前工程が終了したら，ウェハからチップを一つひとつ切り離し，専用のパッケージに封止する。この工程を**後工程**（back-end process）と呼ぶ。

4.2 フォトリソグラフィ

　前工程では，インフルエンザウィルスよりも小さい MOS トランジスタや極細の配線が，チップ上に製造される。これは，いったいどうやって作るのであろうか。このカギを握るのが，**フォトリソグラフィ**（photolithography）という技術である。まず，この技術について説明する。

　製造される MOS トランジスタや配線のパターンは，**図 4.1** に示すようなレイアウトパターンがもとになる。製造では，「ゲートだけのパターン」，「ソースとドレインだけのパターン」といったおのおののパターンをもとにして，ゲートや，ソースとドレインをそれぞれ別々の工程で作る。フォトリソグラフィは，光を使ってパターンをウェハ上に転写する技術で，単にリソグラフィとも呼ばれる。**図 4.2** に示すように，パターンを焼き付けた**マスク**（mask）[†1]の上から，レンズを通してウェハに光を当てる。ウェハにはあらかじめ，光が当たると溶剤にとけやすくなる**フォトレジスト**（photoresist，または**レジスト**（resist）という）を塗っておく[†2]。マスクに焼き付けられたパターンによって，上からの光が通る部分と光が通らない部分ができるため（図 4.2 では A の文字の部分が光を通し，それ以外の部分は光を通さないと仮定），結果的に，レジストにパターンが縮小した形で，溶剤に溶けやすい部分ができる。このままウェハを溶剤につけると，パターンがウェハに転写された形でレジストが残る。レジストはその下のウェハ部分を保護するので，その後，パターンの形を残して化学的処理を行える。

　フォトリソグラフィを用いて微小なパターンを作るには，光として，波長が非常に短い光（紫外線）を利用する。さらに，小さいチリやホコリが付いてしまうとパターンがきちんと転写できないので，チリやホコリの数をきわめて少なくした**クリーンルーム**（clean room）と呼ばれる特別な部屋の中で行われ

　[†1]　レチクルとも呼ばれる。
　[†2]　光が当たると溶けにくくなるレジストを使って逆のパターンを転写することもある。

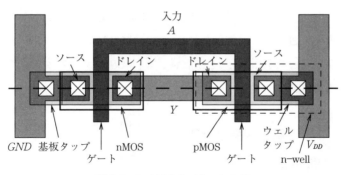

図 4.1 レイアウトパターンの例

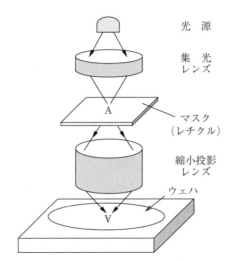

図 4.2 ウェハへのパターンの光学転写

る。クリーンルームの中では，空気がつねに上から下に流れるよう制御されており，空気中のホコリが舞い上がらないようになっていると同時に，天井と床に取り付けられた数多くのフィルタで空気中のチリとホコリを除去している。

4.3 マスク

ウェハに対してパターンを転写していく処理を始める前に，チップ全体のレイアウトパターンのデータからマスクを作成する。n-well，ポリシリコン，n+拡散層，p+拡散層，コンタクトホール，金属配線のおのおののパターン

に対して，マスクが別々に作られる。n-well から金属配線までの各マスクパターンの例を，図4.3 に示す。なお，n+拡散層とは nMOS のソースとドレインの部分の n 型領域を指し，p+拡散層とは pMOS のソースとドレインの部分の p 型領域を指す。

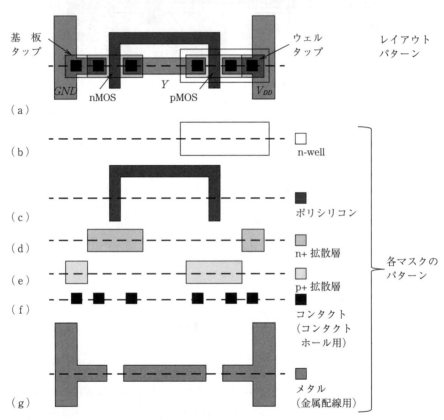

図4.3 おのおののマスクのパターン[1]

4.4 前　工　程

前工程では，ウェハ上に MOS トランジスタと配線が作られる。作る順序として，基本的に下から（すなわち，基板に近い部分から）作っていく。まず，

4.4 前　工　程　　　　　　　　　　　　　　　41

n-well が作られ，つぎに MOS トランジスタのゲートが作られる。さらに，ソースとドレインが作られ，コンタクトホールが作られて，最後に配線が作られる。

　n-well を作るには，図 4.3（b）のパターンをもつマスクを用いてフォトリソグラフィを行い，形成する。まず，なにもない p 型のシリコンウェハが出発点である。n-well を形成する工程を**図 4.4** に示す。

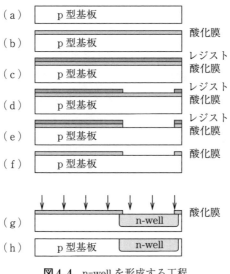

図 4.4　n-well を形成する工程

　n-well の形成で最初の工程が，酸化膜をウェハ全体に形成する**酸化**（oxidation）である。ウェハを高温の炉内に置き，Si と O_2 を反応させるとウェハの表面が酸化膜（SiO_2）になる（図 4.4（b））。つぎに，ウェハ全体の酸化膜の上にレジストを塗布する（図（c））。さらに，上で述べたように，マスクを通して光を当て（**露光**（exposure）という），溶剤につけると，光に当たった部分のレジストが溶けてなくなる（**現像**（development）という）。結果が図（d）である。レジストがない部分では，酸化膜が露出していることに注意しよう。この状態で，フッ酸（HF）にさらすと，レジストがない部分の「酸化膜が」溶けてなくなる（**エッチング**（etching）という）（図（e））。さらに，

残っているレジストを酸の混合物ですべてはがす（図（f））。この状態のウェハに対し，上からリンのイオンを打ち込むと（**イオン注入**（ion implantation）という），酸化膜で覆われていない箇所にリンイオンが入り込み，その部分がn型になって，n-well が形成される（図（g））。最後に，残っている酸化膜をフッ酸で除去する（図（h））。

つぎのステップは，MOS トランジスタのゲートの形成である。まず，チップ全面に薄い酸化膜（**ゲート酸化膜**（gate oxide））を作って，その上にポリシリコンを形成する。薄い酸化膜は炉の中で成長させる。さらに，その酸化膜の上にポリシリコンを作るわけだが，このポリシリコンは，「シリコンの気体」から作る。シリコンの気体というのは初めて聞く人もいると思うが，**シラン**（SiH_4）と呼ばれる化合物である。ウェハをシランの入った反応炉の中に置いて加熱すると，シランが分解してポリシリコンになる。気体のシリコンからポリシリコン層を作るような方法を，**CVD**（chemical vapor deposition，**化学気相成長**）と呼ぶ。レジストとポリシリコンのマスク（図4.3（c））を使ってパターンがウェハに転写され，ポリシリコンのゲートが薄いゲート酸化膜の上に残される。

つぎに，n型拡散マスク（図4.3（d））を用いてパターンが転写され，n型拡散層が作られる。n型拡散層は，通常はイオン注入で形成される。p型拡散マスク（図（e））に対しても同じ工程が繰り返され，pMOS のソースとドレインが形成される。

その後，ウェハを金属配線層から電気的に絶縁するための厚い酸化膜を，ウェハ上に形成する。さらに，コンタクトホールのマスク（図4.3（f））を用いてパターンの転写を行い，拡散層やポリシリコンと金属配線を接続したい箇所のみ，穴（コンタクトホール）をあける。コンタクトホールをタングステンで埋めた後，最後に，金属（例えば，アルミニウム）をウェハ全体にコーティングする。金属配線用のマスク（図（g））を使ってパターンを転写し，配線として残したい箇所以外の金属をエッチングにより除去すると，金属配線ができあがる。

4.5 後 工 程

　ウェハに対する工程が完了したら，ウェハからチップを一つひとつ切り離し，専用のパッケージに封止する。この工程は後工程と呼ばれるが，**アセンブリ**（assembly），または**組立て**とも呼ばれる。ウェハからチップを一つひとつ切り離す作業は，**ダイシング**（dicing）と呼ばれる。切り離されたチップは，通常，専用のパッケージに封止され，テスト後に出荷される。パッケージには，セラミックパッケージとプラスチックパッケージがある。セラミックパッケージは，放熱性がよい，高周波特性がよい等の利点があるが，値段が高い。それと比べると，プラスチックパッケージは値段が安く，集積回路のパッケージとして主流である[2]。

　製造された集積回路に対するテストとしては，ウェハ段階で行うテスト（ウェハテスト）とパッケージ後に行うテスト（ファイナルテスト）がある[2]。前者のテストで不良が判明したチップは，パッケージには封止せず廃棄する。さらに，ファイナルテストの結果，良品と判定されたチップだけを出荷する。

4.6 歩 留 り

　歩留り（yield）は「ぶどまり」と読み，「製造したチップ」全数のうち正常に動作するもの（良品）の割合をいう。集積回路の製造では，ナノメートル（nm）のサイズの MOS トランジスタや配線を微細加工して作る。このため，製造の過程で微小の異物（チリやホコリ等）がわずかにウェハに付着しただけで，その部分の MOS トランジスタが正しく作られなかったり，配線がつながらなかったりする。現実の世界では，微小の異物を完全にゼロにすることはできないので，製造したチップの中にはどうしても不良品が含まれることになる。不良品のチップは出荷できず，利益を生まないので，歩留りを上げることが集積回路の製造での至上命題となる。

44   4. 集積回路の製造方法

歩留りは，チップ面積と関係があることが知られている[3]。具体的には，欠陥密度を D，チップ面積を A とすると，歩留り Y は次式で求められる[†]。

$$Y = e^{-DA} \tag{4.1}$$

欠陥密度 D は，ウェハ上の単位面積当りに発生する欠陥の割合である。式 (4.1) から，チップ面積 A を大きくすると歩留り Y が指数関数で低下することがわかる。チップにはできるだけ多くの素子を搭載して多機能化や高性能化を図りたいのだが，チップをどんどん大きくできない理由は，ここにもあるわけである。

章 末 問 題

【4.1】 シリコンのインゴットを製造する方法として，引上げ法という方法がある。どんな製造方法か，調べて説明せよ。

【4.2】 ソースとドレインを形成する工程では，ソースとドレインだけにイオン注入されるようなマスクを作らずに，ソース，ゲート，ドレインを含む部分すべてにイオン注入されるマスクを使って製造する（図 4.3（d）の n+拡散マスクのパターンを参照）。なぜ，この手法でソースとドレインがちゃんと分離して形成できるのか。また，この手法のメリットはなにか。調べて説明せよ。

【4.3】 1 辺が 1 cm の正方形のチップ（チップ P）と，1 辺が 0.5 cm の正方形のチップ（チップ Q）があるとする。それぞれの歩留りを，式 (4.1) を用いて計算し比較せよ。なお，欠陥密度は $1.0\,\mathrm{cm}^{-2}$ とする。

引用・参考文献

1) N. H. E. Weste, D. M. Harris 著，宇佐美公良，池田 誠，小林和淑 監訳：CMOS VLSI 回路設計（基礎編），丸善出版（2014）
2) 小谷教彦，西村 正：LSI 工学，森北出版（2005）
3) 角南英夫：VLSI 工学—製造プロセス編—，コロナ社（2006）

---

† ウェハ上の欠陥分布モデルとしてポアソン分布を仮定した場合の式であり，この仮定がよく用いられる。

5

集積回路の動作速度は
どんなしくみで決まるのか

　ディジタル集積回路の内部は，通常いくつもの演算回路や制御回路が含まれており，それらは論理回路で実現される。さらに，その論理回路は論理ゲートから構成され，一つひとつの論理ゲートが，MOS トランジスタを使った CMOS 回路（CMOS インバータや CMOS NAND 回路など）で実現される。このことを踏まえると，集積回路の動作速度には，内部の CMOS 回路の動作速度が影響するといえる。本章では，CMOS 回路の出力が変化する際に充電動作や放電動作が行われることに触れ，この充放電にかかる時間が動作速度を決めることを述べる。さらに，充放電にかかる時間が，MOS トランジスタを通して流れる充放電電流と，集積回路内の寄生容量の大きさによって決まることを説明し，両者の性質について解説する。

5.1　動作速度に影響を与える充電動作と放電動作

　いま，三つの入力 A，B，C と出力 Y を持つ論理回路 L を考える。この論理回路は，A の反転と B の NAND を取り，さらに C と NAND を取った論理値を計算して Y に出力すると仮定する。Y の論理関数は

$$Y = \overline{(\overline{\overline{A} \cdot B}) \cdot C} \tag{5.1}$$

と表される。この論理回路 L を，論理ゲートを使って実現すると，**図 5.1** のようになる。さてここで，論理回路 L の動作速度はどうやって決まるのだろうか。論理回路の動作が速いとか遅いというのは，一般的には，論理関数を計算する速度が速いか遅いかを指す。この速度は，入力 A，B，C の値が与えられてから出力 Y が計算されるまでの「時間」で測ることができ，時間が短ければ動作速度が速いとみなせる。では，入力 A，B，C の値が与えられてから

46　　　5. 集積回路の動作速度はどんなしくみで決まるのか

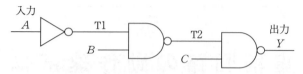

図 5.1　論理回路 L

出力 Y が出てくるまでの時間は，なにで決まるのだろうか。

いま，図 5.1 で，入力 A, B, C にすべて論理値 1 が与えられているとする。このとき出力 Y の値は 0 である。いまこの状態から入力 A の値が 0 に変化したとする。A の値の変化は CMOS インバータの出力 T1 を変化させ，それが CMOS NAND 回路の出力 T2 を変化させ，さらにつぎの CMOS NAND 回路の出力 Y を変化させる。入力 A の値が変化してから出力 Y の値が変化するまでの時間を論理回路 L の**遅延時間**（delay）という。遅延時間が生ずる原因を考えるために，図 5.1 の論理回路図を MOS トランジスタを使った回路図に書き換えてみよう。回路図は**図 5.2** のようになる。なお，これ以降，電源電圧の値は，特定の電圧値が必要な場合を除きすべて V_{DD} で表すことにする。

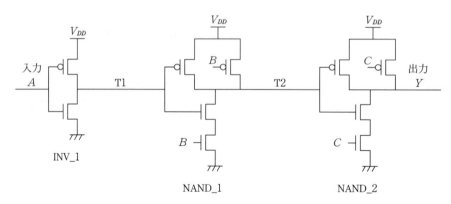

図 5.2　論理回路 L を MOS トランジスタで書き換えた回路図

インバータ INV_1 の出力 T1 は NAND_1 の nMOS と pMOS のゲートにつながっているが，T1 の部分はチップ上では「細い金属の配線」で結ぶ。NAND_1 と NAND_2 を接続するノード T2 も同様である。出力 Y は，その先

5.1 動作速度に影響を与える充電動作と放電動作

でどこか別の回路の入力に接続されるとすると，その入力と金属の配線で結ばれる。この金属の配線は，意図しないところとショートしないよう，チップ上では絶縁膜の上に形成される。具体的な構造として，INV_1 の nMOS と金属配線 T1 が接続されている部分の断面図を**図 5.3** に示す。

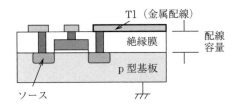

図 5.3 INV_1 の nMOS と金属配線 T1 が接続されている部分の断面図

配線は，幅がきわめて細い長方形の金属板と考えることができ，導電性の p 型基板との間に絶縁膜を挟んだ構造になっている。これはまさに，2 枚の極板で絶縁体をサンドイッチした構造であり，物理の授業で習ったコンデンサ構造が自然にできてしまっている。ということは，p 型基板が 0 V で金属配線 T1 が正の電圧なら，金属配線には正電荷（以降，単に電荷と記す）が溜まることになり，T1 と p 型基板の間には静電容量が存在することになる。このように，意図的にコンデンサを作っているわけではないのに，自然に（嫌でも）付いてしまう静電容量のことを**寄生容量**（parasitic capacitance）という。寄生容量の中でも，図 5.3 のような構造で金属配線に付いてしまう容量を**配線容量**（wire capacitance）と呼ぶ。T1 に付く寄生容量は配線容量のほかにも何種類かあり，それらについては 5.3 節で詳しく説明する。

さて，T1 に付く寄生容量の総和を C1 としよう。また，T2，Y に対してもそれぞれの寄生容量の総和を C2，C3 とし，それらの容量を図に書き加えると**図 5.4** のようになる。先ほどと同様，初期状態では入力 A，B，C がすべて 1 で，つぎに A だけが 0 に変化する場合を考える。初期状態では，A が 1 なので INV_1 の nMOS（N1）がオン，pMOS（P1）がオフして T1 は 0 V であるため，C1 には電荷は溜まっていない。一方，NAND_1 は，T1 が 0 V なので P2 がオン，N2 がオフし，T2 の電圧は V_{DD} であるため，C2 には電荷（+Q）が溜まっ

ている。つぎの NAND_2 は，T2 が V_{DD} なので P3 がオフ，N3 がオンし，出力 Y は 0 V であるため，C3 には電荷は溜まっていない。この状態から，つぎに入力 A が 0 に変化すると，**図 5.5** に示す現象が起こる。

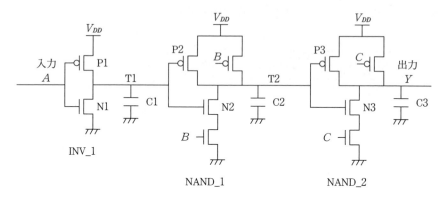

図 5.4 寄生容量を書き加えた論理回路 L の回路図

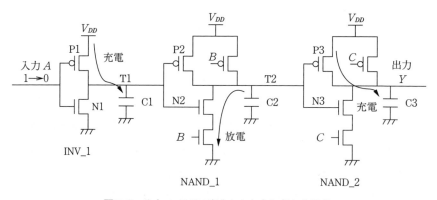

図 5.5 入力 A が 0 に変化したときに起こる現象

まず，INV_1 の P1 がオンし N1 がオフすると，電源 V_{DD} からオンしている pMOS（P1）を通って，電荷が寄生容量 C1 に流れ込み，T1 が V_{DD} になるまで**充電**される。これが T1 で起こる現象である。つぎに，T1 が V_{DD} に変化したことを受け，NAND_1 の P2 がオフし，N2 がオンすると，初期状態で C2 に溜まっていた電荷が，NAND_1 の直列 2 段の nMOS を通ってグランドに**放電**される。これが T2 で生じる現象である。さらに，T2 が 0 V に変化したことを受

5.1　動作速度に影響を与える充電動作と放電動作　　49

け，NAND_2 の N3 がオフし，P3 がオンすると，電荷が V_{DD} から P3 を通って
寄生容量 C3 に流れ込み，Y が V_{DD} になるまで「充電」される。このように，
入力 A が 0 に変化することにより，T1 では充電，T2 では放電，Y では充電
が連鎖的に起こる。

【例題 5.1】────────────────────────────

　図 5.5 では，入力 A が 1 から 0 に変化したときに起こる現象が描かれている。
この後，入力 A が 0 から再び 1 に変化すると，T1，T2，Y ではどのような現象が
生じるか。充電，放電の動作，および，T1，T2，Y の電圧を意識して説明せよ。
なお，B と C はどちらも 1 とする。

【例題 5.1 の解答と解説】

　入力 A が 0 から 1 に変化すると，C1 に溜まっていた電荷が INV_1 の N1 を通っ
てグランドに「放電」するため，T1 は 0 V になる。これを受け，NAND_1 の P2
がオンするため，C2 が「充電」され T2 は V_{DD} になる。さらにこれを受け，
NAND_2 の N3 がオンするので，C3 に溜まっていた電荷がグランドに「放電」さ
れ，出力 Y は 0 V になる。

────────────────────────────────────

　このように，図 5.1 のような論理回路では，入力 A の電圧が変化すると，
内部の CMOS 回路の出力ノードで充電や放電がつぎつぎに起こり，その連鎖
が出力 Y まで伝わって Y の電圧が変化する，というしくみになっている。そ
れぞれの充電や放電は有限の時間で行われるので，おのおのの CMOS 回路で
充電や放電にかかる時間を短くすることができれば，入力 A から出力 Y まで
の遅延時間を短縮でき，論理回路 L の動作速度が速くなる。

　では，充電や放電にかかる時間を短くするにはどうすればよいだろうか。図
5.4 の INV_1 を見てみよう。充電では，pMOS を通って V_{DD} から電荷が流れ込
み，C1 が充電される。したがって，pMOS を流れる電流が大きいほど短い時
間で充電できる。電流は電荷の時間変化率であり，電流が大きいほど，単位時
間当りに多くの電荷を流せるためである。また，寄生容量 C1 が小さいほど，
短い時間で充電できる。寄生容量が小さいと，電荷を少ししか溜めなくてよい
ためである。一方，放電では，C1 に溜まっている電荷が nMOS を通ってグラ
ンドに流出する。したがって，nMOS を流れる電流が多いほど，また，寄生容

量 C1 が小さいほど，短い時間で放電できる。このことから，充電，放電にかかる時間には，① MOS トランジスタを流れる電流の大きさと ② 寄生容量の大きさが大きく影響する。つぎの 5.2 節では，MOS トランジスタを流れる電流について説明し，5.3 節では寄生容量について解説する。

5.2 MOS トランジスタを流れる電流

まず，図 5.6 に示すように，nMOS を例に取り，ドレイン-ソース間を流れる電流（**ドレイン電流**（drain current））について考える。放電の際の電流は，この nMOS のドレイン電流である。

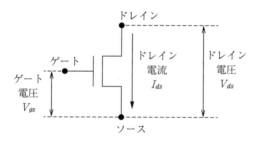

図 5.6　nMOS トランジスタの電圧と電流

ドレイン電流は，ゲートの電圧（**ゲート電圧**（gate voltage））と，ドレインの電圧（**ドレイン電圧**（drain voltage））の両方の影響を受ける。ここで，ゲート電圧とドレイン電圧は，ソースの電圧を基準にして何ボルト高いかで表すので，ゲート電圧を V_{gs}，ドレイン電圧を V_{ds} と書くことにする。

ゲート電圧がトランジスタのしきい値電圧（V_t）よりも低い場合，nMOS はオンしないので，ドレイン電流は流れない[†]。ゲート電圧が nMOS のしきい値電圧 V_{tn} 以上になると，ドレイン電流が流れるようになる。このオンの状態で

[†] 実際には，ゲート電圧がしきい値電圧以下でもドレインからソースにわずかに流れる電流があり，もれ電流（もしくは，リーク電流）と呼ばれる。詳細は 11 章を参照のこと。本章では，オン状態で流れるドレイン電流と，オフ状態のもれ電流の比が十分に大きい場合を想定し，もれ電流を無視して説明を進める。

5.2 MOSトランジスタを流れる電流

は，直感的には，ドレイン電圧 V_{ds} を大きくしていくとドレイン電流 I_{ds} が大きくなっていくと考えられ，また，ゲート電圧 V_{gs} を大きくすると，より強くオンするのでドレイン電流 I_{ds} が大きくなるように思われる。この直感はさほど間違ってはいない。ところが，ドレイン電圧を大きくしていくと，ドレイン電流は少し特徴的な変化の仕方をする。具体的にいうと，ドレイン電圧が小さいうちはドレイン電流が増加していくが，ドレイン電圧がある値より大きくなると増加は止まり，飽和してしまう。

ここまでの話を整理すると

- ゲート電圧 $V_{gs} < V_{tn}$ のとき，ドレイン電流 $I_{ds} = 0$（**オフ状態**（off state）という）。
- ゲート電圧 $V_{gs} \geq V_{tn}$ のとき，nMOS はオンする（**オン状態**（on state）という）。
- オン状態では，ドレイン電圧 V_{ds} の大きさによってドレイン電流 I_{ds} は増加するか飽和する。

nMOSトランジスタがオンしている状態で，ドレイン電圧 V_{ds} を大きくしていったときのドレイン電流 I_{ds} の振舞いは，**図 5.7** のようになる。

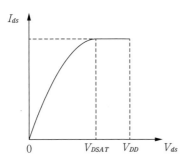

図 5.7 nMOS のドレイン電圧 V_{ds} とドレイン電流 I_{ds} の関係

nMOSトランジスタがオン状態でも，ドレイン電圧 V_{ds} が 0 V ではドレイン電流 I_{ds} は流れない。グラフが原点を通るのはそのためである。V_{ds} を少しずつ大きくしていくと，I_{ds} は増加しはじめ，V_{ds} が「ある電圧（V_{DSAT}）」になるまで I_{ds} は増加し続ける。ところが，それ以降 V_{ds} を V_{DSAT} より大きくしても，

52   5. 集積回路の動作速度はどんなしくみで決まるのか

I_{ds} は増加せずに飽和してしまう。V_{ds} が V_{DSAT} より大きいか小さいかで I_{ds} の変化の仕方が変わるので，この特徴を表すために

・$V_{ds} < V_{DSAT}$ のとき，**線形領域**（linear region）で動作している

・$V_{ds} \geqq V_{DSAT}$ のとき，**飽和領域**（saturation region）で動作している

という。

線形領域では，次式のように，ドレイン電流 I_{ds} は V_{ds} の二次関数で変化する。

$$I_{ds} = \mu_n C_{OX} \frac{W}{L} \left\{ (V_{gs} - V_{tn}) V_{ds} - \frac{1}{2} V_{ds}^2 \right\} \tag{5.2}$$

ここで，μ_n は電子の移動度，C_{OX} はゲート酸化膜の単位面積当りの容量，W はゲート幅，L はゲート長，V_{tn} は nMOS のしきい値電圧である。

式（5.2）の中カッコ { } の前の係数は今後よく出てくるので，これを β_n と表すと

$$\beta_n = \mu_n C_{OX} \frac{W}{L} \tag{5.3}$$

となる。この β_n を nMOS の**ベータレシオ**（または，ベータ比（beta ratio））と呼ぶ。β_n を使って線形領域の式（5.2）を書き直すと

$$I_{ds} = \beta_n \left\{ (V_{gs} - V_{tn}) V_{ds} - \frac{1}{2} V_{ds}^2 \right\} \tag{5.4}$$

となる。式（5.4）を見ると，V_{ds} の 2 乗の項の係数がマイナスなので，V_{ds}-I_{ds} のグラフは「上に凸」の放物線であることがわかる。さらに，この放物線の頂点での V_{ds} を求めると

$$V_{ds} = V_{gs} - V_{tn} \tag{5.5}$$

となる。

じつは，この V_{ds} の電圧までが線形領域であり，この電圧より V_{ds} を大きくすると線形領域ではなくなる。線形領域と飽和領域を分ける V_{ds} を V_{DSAT} と表すと

$$V_{DSAT} = V_{gs} - V_{tn} \tag{5.6}$$

である。このとき，頂点での I_{ds} は

$$I_{ds} = \frac{1}{2}\beta_n(V_{gs} - V_{tn})^2 \tag{5.7}$$

である。$V_{ds} \geq V_{DSAT}$ のとき，飽和領域になるが，飽和領域ではドレイン電流 I_{ds} はドレイン電圧 V_{ds} には依存しなくなり，ドレイン電流は式（5.7）で表される一定値を取るようになる（ドレイン電流が飽和する）。

つぎに，ゲート電圧 V_{gs} を変化させたときに，ドレイン電流 I_{ds} がどのように変化するかを見てみよう（**図 5.8**）。なお，図では，イメージとして捉えやすいように電源電圧 $V_{DD} = 1.2\,\mathrm{V}$ での例を示している。

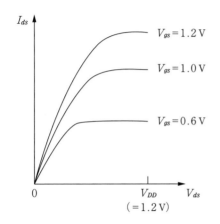

図 5.8 ゲート電圧 V_{gs} を変化させたときの V_{ds} と I_{ds} の関係（$V_{DD} = 1.2\,\mathrm{V}$）

図からわかるように，それぞれの V_{gs} の値で，ドレイン電流 I_{ds} は線形領域と飽和領域からなる。また，V_{gs} を大きくすればするほど，飽和したときの I_{ds} の値が大きい。

これまでの話はすべて nMOS を流れる電流の話であったが，pMOS を流れる電流の大きさもまったく同様に考えることができる。違いは，pMOS では電流の運び手が電子ではなく，ホールである点である。このため，nMOS のドレイン電流がドレインからソースに流れるのに対し，pMOS のドレイン電流はソースからドレインに流れる。nMOS と pMOS でドレイン電流の流れる向きがちょうど反対なので，pMOS のドレイン電流はマイナスの符号を付けて表す。

pMOS のドレイン電流 I_{ds} は

線形領域では

$$I_{ds}=-\beta_p\left\{(V_{gs}-V_{tp})V_{ds}-\frac{1}{2}V_{ds}{}^2\right\} \tag{5.8}$$

飽和領域では

$$I_{ds}=-\frac{1}{2}\beta_p(V_{gs}-V_{tp})^2 \tag{5.9}$$

となる。ここで，β_p は pMOS のベータレシオであり

$$\beta_p=\mu_p C_{OX}\frac{W}{L} \tag{5.10}$$

である。なお，μ_p はホールの移動度である。ちなみに，式 (5.8) と式 (5.9) では，V_{gs}，V_{ds} はどちらも負の値である。これは，もともと V_{gs}，V_{ds} がソースの電圧を基準にしてゲートとドレインがそれぞれ何ボルト高いかという値であり，pMOS では，ソースの電圧のほうがゲートやドレインの電圧より高い（もしくは，同じである）からである。また，V_{tp} は pMOS のしきい値電圧であり，V_{tp} も負の値である。符号が逆であることを除き，線形領域と飽和領域のドレイン電流の式が，pMOS と nMOS でまったく同じ形になることを覚えておこう。

　以上が，MOS トランジスタの電流の振舞いをモデル化した最も基本的なもので，**ショックレーモデル**（Shockley model）と呼ばれる。ショックレーモデルは，MOS トランジスタの微細化が進む前は，実際の振舞いとかなりよく一致した。ところが，微細化が進むにつれ，実際との不一致が次第に顕在化するようになった（まめ知識参照）。本書が想定している 65 nm プロセスでは，微細化によって生じる効果を考慮に入れた，非常に複雑なモデルが使われる。

========== ま　め　知　識 ==========
　ショックレーモデルでは，式 (5.7) や式 (5.9) のように，飽和領域でのドレイン電流はドレイン電圧に依存せず一定の値になる。ところが，実際の MOS トランジスタでは，飽和領域でドレイン電圧 V_{ds} を V_{DSAT} より大きくしていくと，ドレイン電流 I_{ds} は一定にならず，少しずつ増加していく現象が見られる

5.2 MOSトランジスタを流れる電流

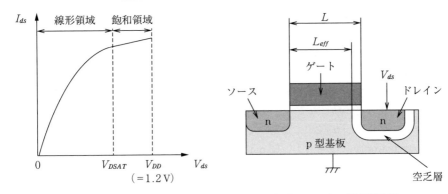

(a) 実際のMOSトランジスタの V_{ds}-I_{ds} 曲線

(b) チャネル長変調効果

図 5.9 実際のMOSトランジスタの飽和領域で起きている現象

(**図 5.9** (a))。この現象は**チャネル長変調効果**（channel length modulation）と呼ばれ[1]，具体的にはつぎのような現象が起こっている。図（b）に示すように，ドレイン電圧 V_{ds} を大きくすると，ドレイン-基板間のpn接合に，より大きな逆バイアスがかかり，ドレインの空乏層の幅が広がる。

この空乏層はチャネル内にも伸びていくので，実質的なチャネルの長さ（**実効チャネル長** L_{eff}，L effective と呼ぶ）がゲート長 L より短くなる。ドレイン電圧がさらに大きくなると，空乏層幅も大きくなり，L_{eff} はさらに小さくなる。ドレイン電圧によって実効チャネル長が変わる（変調を受ける）のであるが，ドレイン電流 I_{ds} は，正確には W/L ではなく W/L_{eff} に比例するので，L_{eff} の短縮とともにドレイン電流 I_{ds} が増大していく。ゲート長 L が大きかった時代に比べ，微細化が進み L が小さくなると，この効果の影響が相対的に大きくなる。チャネル長変調効果を考慮に入れると，飽和領域でのnMOSのドレイン電流は

$$I_{ds} = \frac{1}{2}\beta_n(V_{gs}-V_{tn})^2(1+\lambda V_{ds}) \tag{5.11}$$

と表される。

微細化が進むことで顕在化したもう一つの現象が**速度飽和**（velocity saturation）であり，これも飽和領域で起こる。ドレイン-ソース間に電圧 V_{ds} が印加されることで，ドレイン-ソース間には水平方向の電界 E が生じるが，いま $V_{ds}=1.2\,\text{V}$，$L=60\,\text{nm}$ としてこの電界の大きさを計算すると

$$E = \frac{1.2\,\text{V}}{60\,\text{nm}} = 2\times 10^5\,\text{V/cm} \tag{5.12}$$

となる。これは1 cmの距離に20万ボルトの電圧が印加されている状況と同じ

である。その結果，nMOS では電子がソース−ドレイン間を移動する過程で，シリコン結晶内のシリコン原子に衝突する頻度が多くなり，移動速度が上がらなくなる（速度飽和の現象）。L が大きいうちは電界 E が小さいため，この現象は顕著に現れなかった。ところが，微細化が進み L が小さくなると，速度飽和により飽和領域でのドレイン電流は（$V_{gs}-V_{tn}$）の 2 乗に比例した値にはならず，それよりも小さい値になる。この効果を反映して，ドレイン電流は（$V_{gs}-V_{tn}$）の α 乗（ただし，$\alpha<2$）に比例するというモデルが提案された[2]。これは **α 乗則**（α-power law）と呼ばれ，65 nm プロセスでは $\alpha=1.3$ くらいの値を取る。

5.3　集積回路における寄生容量

5.1 節で，寄生容量とは集積回路中のノードに自然に付いてしまう容量であり，配線容量がその一例であることを述べた。寄生容量にはさらに 2 種類あり，それらについて説明する。**図 5.10** のノード T1 に注目すると，T1 は NAND_1 の nMOS（N2）のゲートと pMOS（P2）のゲートに接続している。nMOS の断面図（**図 5.11**）を見ると，ゲートと p 型基板でゲート酸化膜（絶縁体）を挟んだ構造になっており，これはれっきとしたコンデンサ構造である。ということは，ゲートと p 型基板の間には静電容量が存在し，ゲートが正電圧のときにはゲートに電荷が溜まる。これも寄生容量の一つで，**ゲート容**

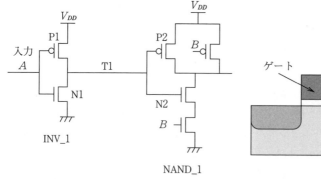

図 5.10　ノード T1 に付くゲート容量

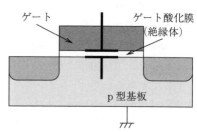

図 5.11　nMOS の断面図とゲート容量

5.3 集積回路における寄生容量

量（gate capacitance）と呼ばれる．ゲート容量は，**MOS 容量**（MOS capacitance）とも呼ばれる．なお，図 5.11 は nMOS の例であるが，pMOS でも同様にゲート容量が存在する．ゲート容量の大きさはゲート面積に比例するため，nMOS と pMOS でゲート幅 W が違えば，両者のゲート容量の大きさは異なる．

T1 に付くもう一つの寄生容量は，じつはインバータ INV_1 自身に付いている．T1 は INV_1 の nMOS（N1）のドレインに接続しているが，N1 の断面図（**図 5.12**）を見ると，ドレインが n 型半導体，基板が p 型半導体であるので，両者の間に pn 接合ができている．この pn 接合は逆バイアスになっているため，接合部付近には電子もホールも存在しない空乏層が生じる．結果として，この pn 接合を挟んで，ドレインと基板間にコンデンサのはたらきを持つ構造が生じていることになり，ここにも静電容量が存在する．この容量を**接合容量**（**ジャンクション容量**（junction capacitance））と呼ぶ．接合容量は**拡散容量**（diffusion capacitance）とも呼ばれる．なお，同様に，pMOS のドレインでも接合容量が存在する．

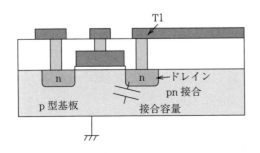

図 5.12 nMOS の断面図と接合容量

【例題 5.2】
CMOS インバータ（INV_1）の出力 T1 に NAND 回路（NAND_1）が接続した回路（図 5.10）において，ノード T1 に付く寄生容量をすべて挙げよ．

【例題 5.2 の解答】
まず，T1 は配線で引かれるので，配線容量 C_{wire} が存在する．また，T1 は NAND_1 の nMOS のゲートと pMOS のゲートに接続しているので，それぞれのゲート容量（nMOS のゲート容量 C_{g_N2} と pMOS のゲート容量 C_{g_P2}）がある．さ

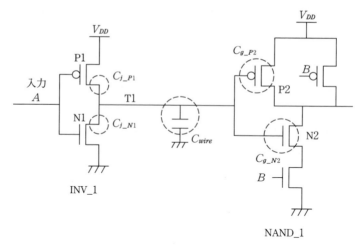

図 5.13　ノード T1 に付く寄生容量

らに，INV_1 自身の nMOS のドレインと pMOS のドレインに，それぞれ接合容量 C_{j_N1} と C_{j_P1} が存在する。これらの寄生容量をすべて書き入れたものを**図 5.13** に示す。

図 5.13 で注目すべきは，ノード T1 に付く寄生容量がすべて T1 と基板間の容量であり[†]，しかもそれらが並列に接続している点である。物理の授業で習ったように，コンデンサの並列接続では，合成容量はそれらを単に足し合わせただけで求められるので，ノード T1 に付く寄生容量の総和は

$$C_L = C_{wire} + C_{g\_N2} + C_{g\_P2} + C_{j\_N1} + C_{j\_P1} \tag{5.13}$$

と表される。なお，T1 を充放電する際には，この寄生容量の総和が充放電の対象になるので，C_L は**負荷容量**（load capacitance）とも呼ばれる。

ここで，配線容量，ゲート容量，接合容量の性質について，少し触れておこう。配線容量は，配線（幅が細い長方形の極板）と p 型基板で絶縁膜を挟んだ容量なので，その大きさは配線面積（配線幅×配線長）に比例し，配線幅が

[†] 配線容量と，nMOS のゲート容量および接合容量は，T1 と p 型基板（グランドに接続）との間の容量である。一方，pMOS では基板は n-well（V_{DD} に接続）なので，pMOS のゲート容量と接合容量は T1 と V_{DD} 間の容量となるが，遅延時間の観点では，これらはすべてグランドとの間の容量として扱う。

決まっていれば†「配線容量は配線長に比例」する。

ゲート容量は，図 5.14 に示すように，MOS トランジスタのゲートとその下にできるチャネルでゲート酸化膜を挟んだコンデンサ構造の容量なので，その大きさはゲート面積（$L \times W$）に比例する。前節で示したように，MOS トランジスタを流れる電流は W/L に比例するが，電流を大きくするため，L は通常，製造可能な最小寸法を選ぶ。このため，「ゲート容量はゲート幅 W に比例する」ことを覚えておこう。

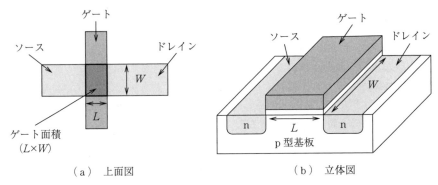

（a）上面図　　　　　（b）立体図

図 5.14 nMOS トランジスタの上面図と立体図における L と W

一方，接合容量は，ドレインと基板の間（もしくは，ソースと基板の間）の pn 接合で生じる容量であり，ドレイン（もしくは，ソース）の面積や周囲長，接合の深さ等に依存する。一般的には，ドレイン（もしくは，ソース）が大きいものは接合容量も大きいので，充放電時間を考える際の近似としては，「接合容量はゲート幅 W に比例する」という近似が可能である。

章　末　問　題

以下の問題では，ショックレーモデルを用いることができるとして解答せよ。

【5.1】65 nm プロセスでの値の例として，電子の移動度 μ_n が 80 cm^2/V・s，ホールの移動度 μ_p が 40 cm^2/V・s であり，nMOS, pMOS ともにゲート酸化膜厚 t_{ox} が

---

† 配線容量を小さくするため，通常，配線幅は製造可能な最小寸法を選ぶ。

1.05 nm，ゲート酸化膜の比誘電率 k_{OX} が 3.9 である場合を考える．真空の誘電率 ε_0 を 8.85×10^{-12} F/m として，つぎの問題に答えよ．

（1）nMOS トランジスタの C_{OX} を計算せよ．なお，単位は F/m^2 で答えること．

（2）ゲート長が 60 nm，ゲート幅が 240 nm の nMOS トランジスタのベータレシオを計算せよ．

（3）（2）の nMOS トランジスタに対し，$V_{gs}=V_{ds}=1.2$ V を加えたときに流れるドレイン電流の大きさを計算せよ．なお，V_{tn} は 0.4 V とする．

（4）CMOS インバータの pMOS のベータレシオと nMOS のベータレシオが同じ大きさになるようにしたい．ゲート長が pMOS，nMOS ともに 60 nm であるとき，ゲート幅の比（W_p/W_n）をいくつにすればよいか．

【5.2】 CMOS 回路の動作速度を上げるには，ドレイン電流を大きくする必要があり，それにはベータレシオを大きくすればよい．ベータレシオを大きくするにはどうしたらよいか．文献も調べながら，方法をできるだけ多く挙げよ．

【5.3】 nMOS トランジスタのドレイン電流を大きくする方法として，しきい値 V_{tn} を下げるという方法がある．いま，V_{tn} が 0.4 V の nMOS を考える．この nMOS の V_{tn} を 0.1 V 低く製造できるとすると，$V_{gs}=V_{ds}=1.2$ V でのドレイン電流は何パーセント増加するか．

【5.4】 図 5.15（a）に示す CMOS インバータにおいて，nMOS と pMOS のしきい値の絶対値が等しく，また，$\beta_n=\beta_p$ となるよう W_n，W_p が設定されていると仮定する．このインバータの入力電圧 V_{in} を 0 V から少しずつゆっくりと V_{DD} まで上げて

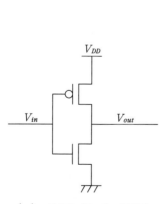

（a）CMOS インバータ回路

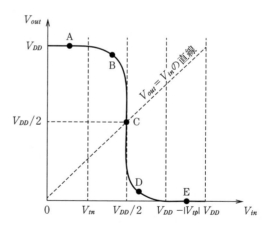

（b）インバータの直流特性

図 5.15

いったとき，出力電圧 V_{out} がどのように変化するかを示したグラフが図（b）である。ちなみに，図（b）のグラフはインバータの直流特性と呼ばれ，$V_{in} = V_{DD}/2$ のとき V_{in} と V_{out} が等しくなる。グラフ上の点 A から点 E において，インバータの nMOS と pMOS は，① オフ状態，② オン状態で線形領域，③ オン状態で飽和領域，のどの状態にあるか。それぞれ答えよ。

引用・参考文献

1) N. H. E. Weste，D. M. Harris 著，宇佐美公良，池田 誠，小林和淑 監訳：CMOS VLSI 回路設計（基礎編），丸善出版（2014）

2) T. Sakurai, A.R. Newton："Alpha-power law MOSFET model and its applications to CMOS inverter delay and other formulas", IEEE Journal of Solid-State Circuits, Vol. 25, no. 2, pp. 584-594（1990）

6

CMOS 回路の遅延時間

　CMOS 回路で構成される論理回路では，出力が切り替わるときに，寄生容量への充電動作や放電動作を伴う．このため，充電や放電の電流が大きく，また寄生容量が小さければ，論理回路の動作速度は速くなる．本章では，動作速度の指標として，CMOS 回路の入力が変化してから出力が変化するまでの時間（遅延時間）を考え，前章で説明した MOS トランジスタを流れる電流と寄生容量が，遅延時間とどのように結び付いているのかについて見ていく．それを踏まえ，MOS トランジスタのサイズが遅延時間にどのように影響するかを説明する．

6.1　CMOS インバータの遅延時間

　CMOS 回路の遅延時間を考える際に，CMOS インバータが最もシンプルな構造をしているので，これを例に取って説明する．以降，入力の変化によって出力が切り替わる動作を CMOS 回路の**スイッチング動作**（switching operation）と呼ぶ．
　いま，入力 A が 0 V から電源電圧 V_{DD} に切り替わる場合を考える（**図 6.1**）．入力 A は切り替わる前は 0 V なので，pMOS がオンしており，負荷容量 C_L（出力 T1 に付く寄生容量の総和）に電荷が溜まっている．A が V_{DD} に

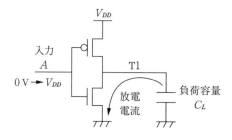

図 6.1　CMOS インバータの入力が 0 V から V_{DD} に切り替わるときの動作

6.1 CMOS インバータの遅延時間

変化すると，pMOS がオフし nMOS がオンするため，nMOS を通って負荷容量 C_L が放電される。この過程で，T1 の電圧は V_{DD} から徐々に下がっていくのだが，この放電にかかる時間を考える際に，出力 T1 が何 V まで下がる時間を考えればよいのだろうか。普通に考えれば 0 V になるまでの時間と答えるところである。しかし，例えば図 6.2 のように，CMOS インバータの出力に NAND 回路がつながった論理回路では，インバータの出力 T1 が完全に 0 V に下がる前に，NAND 回路の pMOS（P2）はオンし始め[†]，さらにもう少し下がると NAND 回路の出力 T2 が変化し始める。

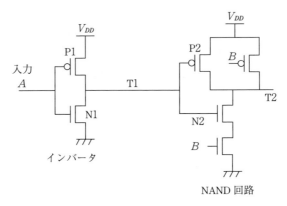

図 6.2 CMOS インバータの出力に NAND 回路がつながった論理回路

このことから，インバータの遅延時間を考える際には，出力 T1 が必ずしも 0 V に下がるまでの時間を考える必要はなく，つぎの回路がスイッチング動作を開始するまでの時間を考えればよい。スイッチング動作の開始時点として，「どの回路も入力の電圧が $\frac{1}{2}V_{DD}$ に達したときにスイッチング動作が始まる」と定義する。さらに，図 6.3 に示すように，入力信号が $\frac{1}{2}V_{DD}$（$V_{DD}=1.2$ V なら 0.6 V）に変化した時刻から，出力信号が $\frac{1}{2}V_{DD}$ に変化した時刻までを遅延時間と定義する。特に，CMOS 回路の「出力」が 1 から 0 に変化する際の遅

[†] pMOS は T1 の電圧が $V_{DD}-|V_{tp}|$ まで下がればオンし始める。

6. CMOS 回路の遅延時間

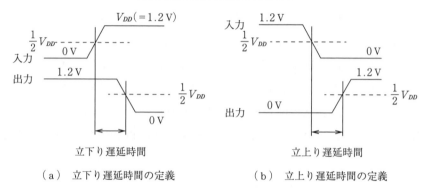

図 6.3　CMOS 回路の遅延時間

延時間を**立下り遅延時間**（fall delay）[†]といい，「出力」が 0 から 1 に変化する際の遅延時間を**立上り遅延時間**（rise delay）という。

つぎに，MOS トランジスタを流れる充放電電流と負荷容量が，どのように遅延時間と結びつくのかを明らかにする。上で述べたように，インバータの nMOS（N1）で放電する場合を考える。N1 のゲートの電圧は，ある有限時間で 0 V から V_{DD} まで変化し，それに応じて N1 のドレイン電圧（出力 T1 の電圧）が V_{DD} から下がっていくのだが，電圧の下がり方は N1 を流れる放電電流（すなわち，ドレイン電流）の大きさに依存する。ところが，前章で述べたように，ドレイン電流の大きさはゲート電圧とドレイン電圧の両方に依存するため，放電の過程でドレイン電流の大きさは非常に複雑に変化することになる。これを正確に盛り込んで式を立てると，微分方程式が非線形になって解析的に解けなくなるので，数値計算で解く以外に方法がない。実際にこうやって数値計算で解いているのが回路シミュレータというソフトウェアであり，SPICE はその代表例である。実際の集積回路の設計では，回路シミュレータで遅延時間や電流・電圧の時間変化を精度よく求め，トランジスタサイズの決定や回路動作の検証を行う。

[†] **立下り伝搬遅延時間**ともいう。これとは別に，出力の電圧が V_{DD} の 90 % から 10 % まで（もしくは，80 % から 20 % まで）下がるのに要する時間を立下り時間というが，これは遅延時間ではないので混同しないこと。本書では，あくまで，入力が変化してから出力が変化するまでの「遅延時間」に着目して説明する。

一方，回路シミュレータで得られた結果を見て，なぜそうなるのかという原因が理解できないと，回路を改良したり修正したりするうえで方針を立てにくい。MOSトランジスタや回路の「どんなパラメータ」が「どのように」遅延時間に影響するのかという，基本的な理解ができるような近似の方法があればたいへん役に立つ。

そこで考案された方法が，まず，入力 A の電圧は $0\,\mathrm{V}$ から V_{DD} へ瞬時に切り替わるとする近似である。これにより，pMOSは完全にオフで，nMOSのゲートに一定電圧 V_{DD} がかかったときの放電動作を考えればよくなるため，ゲート電圧依存性も考えずに済み，問題が単純化される。それでもドレイン電流のドレイン電圧依存性（線形領域や飽和領域）を考慮しなくてはならないので，さらにもう一段踏み込んだ近似を行う。それが，「nMOSを抵抗とみなす」という近似である。この抵抗は，抵抗値が一定の抵抗（固定抵抗）で R_{eq} と記す。R_{eq} は**等価抵抗**（equivalent resistance）と呼ばれる。どうやって抵抗とみなして近似するのかについては，方法がいくつかあり，まめ知識を参照されたい。なんらかの方法で R_{eq} の値が求められたとして，この先，話を進める。

ここまで近似すると，負荷容量 C_L に溜まった電荷を抵抗 R_{eq} を通して放電する動作を考えればよい（**図6.4**）。立下り遅延時間は，T1の電圧が V_{DD} から $\frac{1}{2}V_{DD}$ まで下がる時間を求めればよいことになる。

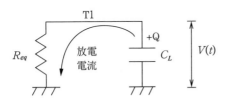

図6.4 等価抵抗 R_{eq} と負荷容量 C_L で近似した放電時の回路

これと同様に，立上り遅延時間は，pMOSを固定抵抗とみなし，C_L が充電されることでT1の電圧が $0\,\mathrm{V}$ から $\frac{1}{2}V_{DD}$ まで上昇する時間を求めればよい。この近似方法は**RC遅延モデル**（RC delay model）と呼ばれ，遅延時間を比較的単純な式で表すことができる。次節では，RC遅延モデルを用いて，立下り遅延時間と立上り遅延時間がどのように表されるかを見てみよう。

まめ知識

MOSトランジスタを固定抵抗として近似するには，どのようにすればよいのだろうか。MOSトランジスタとしては，ドレイン電圧 V_{ds} がかかった状態でドレイン電流 I_{ds} が流れている場合を想定するので，このときのMOSトランジスタには抵抗成分（**オン抵抗**と呼ぶ）$r_{on} = V_{ds}/I_{ds}$ があるとみなせる。前章で説明したように，ドレイン電圧を横軸に，ドレイン電流を縦軸に取ったグラフは図6.5のようになる。

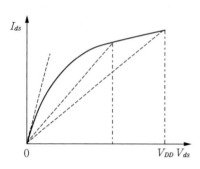

図6.5 ドレイン電圧 V_{ds} とドレイン電流 I_{ds} の関係

グラフ上の各点で I_{ds} と V_{ds} の比の値（I_{ds}/V_{ds}）を見ていくと，V_{ds} が大きくなるにつれ小さくなっていく（傾きがだんだん寝ていく）ことがわかる。この比（I_{ds}/V_{ds}）は r_{on} の逆数なので，V_{ds} が大きくなるにつれ r_{on} は増大していくことを意味している。すなわち，V_{ds} の値によって r_{on} は変化する。これを踏まえて，r_{on} を固定抵抗で近似するにはどうしたらよいかを考える必要がある。代表的な方法としては，大きくつぎの二つに分けられる。

① V_{ds} が非常に小さいとき（線形領域）の r_{on} で代表させ R_{eq} とする。
② V_{ds} が大きいとき（飽和領域）の r_{on} で代表させ R_{eq} とする。

上で述べたように，V_{ds} が大きくなるにつれ r_{on} は増大していくため，①で得られる R_{eq} は②の R_{eq} よりも小さな抵抗値となる。nMOSトランジスタを通して放電を行うときは，ほとんどの状態で飽和領域で動作している，という考え方に基づき，ここでは②の方法を紹介する。微細化の進んだMOSトランジスタでは，5章のまめ知識で紹介した速度飽和の影響により，ショックレーモデルでの V_{DSAT}，すなわち

$$V_{DSAT} = V_{gs} - V_{tn} = V_{DD} - V_{tn} \tag{6.1}$$

より低い V_{ds} でドレイン電流の飽和が始まることが指摘されている[1])。放電開始時には $V_{ds} = V_{DD}$ なので，nMOSは飽和領域で動作するが，放電が進むにつれ V_{ds} が低下し $\frac{1}{2} V_{DD}$ に達するまで飽和領域が続くと近似する方法もある。この方法では，V_{ds} が V_{DD} から $\frac{1}{2} V_{DD}$ に変化するまでのオン抵抗の平均値を求めて，代表値 R_{eq} とする[2),3)]。すなわち

$$R_{eq} = \frac{1}{\frac{V_{DD}}{2}} \int_{\frac{V_{DD}}{2}}^{V_{DD}} \frac{V_{ds}}{I_{DSAT}} dV_{ds} = \frac{3}{4} \cdot \frac{V_{DD}}{I_{DSAT}} \tag{6.2}$$

6.2 RC 遅延モデル

ここで，I_{DSAT} は飽和領域でのドレイン電流であり，飽和状態では一定とした。

一方，$V_{gs} = V_{ds} = V_{DD}$ のときのドレイン電流 I_{D0} を用いて

$$R_{eq} = \frac{V_{DD}}{I_{D0}} \tag{6.3}$$

と近似する方法もある[4]。

① の方法で得られた R_{eq} に比べ，② の方法の R_{eq} は数倍大きい[5]ことを知っておくとよい。いずれの方法もあくまで「近似」であるが，式 (6.2) の I_{DSAT} も，式 (6.3) の I_{D0} も β_n に比例するので，R_{eq} は $\beta_n (= \mu_n C_{OX}(W/L))$ に反比例する。抵抗 R_{eq} を小さくしたければ，MOS トランジスタの W を大きくし，L を小さくすればよいことがわかる。

6.2 RC 遅延モデル

nMOS のゲートに 0V から V_{DD} に瞬時に変化する入力信号（**ステップ入力**（step imput））が与えられたとし，そのうえで nMOS を抵抗 R_{eq} とみなして遅延時間を求める手法が，RC 遅延モデルである。この手法では，入力が $\frac{1}{2}V_{DD}$ になった時刻から出力が $\frac{1}{2}V_{DD}$ に変化した時刻までの立下り遅延時間 t_{pd_f} は，入力の変化時刻を $t = 0$ とし，図 6.4 に示す RC 回路で，$t = 0$ で C_L が放電開始後，T1 の電圧が V_{DD} から $\frac{1}{2}V_{DD}$ まで下がるまでの時間を計算すれば求められる。

T1 の電圧は放電の過程で時間的に変化するのでこれを $V(t)$ とし，また，抵抗 R_{eq} を流れる電流も時間的に変化するのでこれを $I(t)$ とすると，抵抗 R_{eq} に対するオームの法則により

$$I(t) = \frac{V(t)}{R_{eq}} \tag{6.4}$$

一方，C_L から流れ出る電流（$= I(t)$）は電荷 Q の時間変化率なので

$$I(t) = -\frac{dQ}{dt} \tag{6.5}$$

ここで，マイナスの符号は Q が減っていく方向に電流が流れることを意味する。式 (6.4) と式 (6.5) から

$$-\frac{dQ}{dt} = \frac{V(t)}{R_{eq}} \tag{6.6}$$

また，C_L に溜まっている電荷量 Q と $V(t)$ の関係は

$$Q = C_L \cdot V(t) \tag{6.7}$$

式 (6.6) と式 (6.7) から

$$-C_L \frac{dV(t)}{dt} = \frac{V(t)}{R_{eq}} \tag{6.8}$$

この微分方程式を解くと

$$V(t) = V_{DD}\, e^{-\frac{t}{R_{eq}C_L}} \tag{6.9}$$

となる。**図 6.6** に t と $V(t)$ の関係を示す。$V(t)$ が V_{DD} から $\frac{1}{2}V_{DD}$ まで下がる時間を求めると，それが t_{pd_f} であり

$$t_{pd\_f} = R_{eq}C_L \cdot \ln 2 \fallingdotseq 0.69 R_{eq} C_L \tag{6.10}$$

となる[†]。このことから，「立下り遅延時間は nMOS の等価抵抗 R_{eq} と負荷容量 C_L の積に比例する」ことがわかる。

なお，現実の入力信号はステップ入力とは異なり，有限時間で 0 V から V_{DD} まで変化するので，t_{pd_f} はもう少し大きくなる。$V_{gs} = V_{ds} = V_{DD}$ のときのドレイン電流を I_{D0} とし，そのときのオン抵抗 V_{DD}/I_{D0} を R_{eq} として用いて

$$t_{pd\_f} = 0.75 R_{eq} C_L \tag{6.11}$$

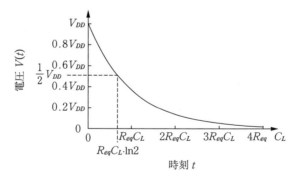

図 6.6 RC 回路（図 6.4）における放電開始後の時刻 t と T1 の電圧 $V(t)$ の関係

[†] ln2 は 2 の自然対数である。

で t_{pd_f} を計算すると，経験的に実際の遅延時間とよく合うと言われている[4]。

これと同様に，立上り時間は，pMOS を固定抵抗と近似して負荷容量 C_L の充電動作を考えれば求められる。pMOS と nMOS ではベータレシオが異なるので，等価抵抗の値も異なる。$|V_{gs}|=|V_{ds}|=V_{DD}$ のときのドレイン電流を I_{D0} とし，そのときのオン抵抗 V_{DD}/I_{D0} を pMOS の等価抵抗を R_{eq_p} とすると，立上り遅延時間 t_{pd_r} は

$$t_{pd\_r} = 0.75 R_{eq\_p} C_L \qquad (6.12)$$

で近似できる。立上り遅延時間は，pMOS の等価抵抗 R_{eq_p} と負荷容量 C_L の積に比例する。

本書では，等価抵抗として V_{DD}/I_{D0} の値を用いることとし，t_{pd_f} と t_{pd_r} はそれぞれ，式 (6.11) と式 (6.12) で近似的に求められるとして話を進める。

【例題 6.1】────────────

図 6.7 のように，CMOS インバータ INV_1 の出力 T1 に 1 fF の負荷容量 C_L が付いている場合を考える。nMOS（N1）の等価抵抗を 15 kΩ とし，以下の問題に答えよ。なお，nMOS, pMOS ともにゲート長 L には最小寸法が用いられており，負荷容量 C_L には INV_1 の接合容量も含まれているものとする。

(1) INV_1 の立下り遅延時間はいくつか。
(2) pMOS（P1）と nMOS（N1）の W の大きさが同じ場合，INV_1 の立上り遅延時間はいくつか。ただし，ホールの移動度は電子の移動度の 1/2 とする。

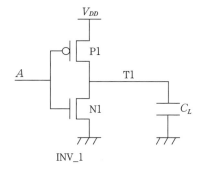

図 6.7 CMOS インバータと負荷容量

(3) INV_1 の立上り遅延時間と立下り遅延時間を等しくしたい。N1 の W の大きさが最小寸法である場合，どうすればこれを達成できるか。設計者が取り得る手段を考えよ。

【例題 6.1 の解答と解説】

(1) 立下り遅延時間 t_{pd_f} は式 (6.11) から，つぎのように計算できる
$$t_{pd\_f} = 0.75 R_{eq} C_L = 0.75 \times 15 \text{ k}\Omega \times 1 \text{ fF} = 11.25 \text{ ps}$$

(2) pMOS の等価抵抗 R_{eq_p} は $\beta_p(=\mu_p C_{ox}(W/L))$ に反比例するので，ホールの移動度 μ_p が電子の移動度 μ_n の 1/2 であることを考慮すると，R_{eq_p} は nMOS

の等価抵抗 R_{eq} の2倍，すなわち $30\,\mathrm{k\Omega}$ になる。立下り遅延時間 t_{pd_r} は

$$t_{pd\_r}=0.75R_{eq\_p}C_L=0.75\times30\,\mathrm{k\Omega}\times1\,\mathrm{fF}=22.5\,\mathrm{ps}$$

（3）　立上り遅延時間と立下り遅延時間を等しくするには，nMOS の等価抵抗 R_{eq} と pMOS の等価抵抗 R_{eq_p} を等しくすればよい。そのためには，β_n と β_p を等しくすればよく，電子とホールの移動度の違いを考慮すると，pMOS の W サイズを nMOS の W サイズの2倍にすればよい。

6.3　RC 遅延モデルの応用

6.2 節で，インバータの立下り遅延時間と立上り遅延時間が MOS トランジスタの W に依存することを述べた。本節では，一つのインバータの出力が複数のインバータの入力に接続している場合の遅延時間について，RC モデルを使って考える。まず，W の大きさとして基準となるサイズを設定したほうがわかりやすいので，例えば，想定する半導体プロセスでの最小インバータ[†]の nMOS の W を「単位サイズ」として選ぶことにする。また，このインバータを「単位インバータ」と呼ぶ。**図 6.8** は，単位インバータの出力に4個の単位インバータが接続した状況を示す。この状況を，単位インバータ INV_1 が4個の単位インバータを「**駆動**（drive）している」という。また，INV_1 が自分と同じサイズのインバータを4個駆動しているので，このときの INV_1 の遅延時間を**ファンアウト4**（fan-out 4，FO4）の遅延時間と呼ぶ。ファンアウト（ファンナウトともいう）は，INV_1 の出力が扇（fan）のように広がって出力している様子から名付けられた言葉である。

いま，単位インバータの nMOS の W の大きさを1とする。【例題 6.1】で述べたように，pMOS の等価抵抗と nMOS の等価抵抗を等しくするには，ホールと電子の移動度の差を考慮して pMOS の W を nMOS の W の2倍にする必要がある。単位インバータでもこれを踏襲し，pMOS の W サイズを2とする。

[†]　10 章で説明するように，半導体メーカからは設計で使用できる CMOS 回路（インバータや NAND 回路，NOR 回路等）が部品として提供されるため，その中の最小のインバータを選べばよい。

6.3 RC遅延モデルの応用

W を記した形で図 6.8 を書き直すと，**図 6.9** のようになる。

T1 に付く寄生容量として配線容量は MOS トランジスタの W に関係ないので，本節では，寄生容量としてゲート容量と接合容量のみを対象に話を進める[†]。単位インバータの nMOS のゲート容量を C とすると，pMOS は W を 2 倍にしているので，単位インバータの pMOS のゲート容量は $2C$ となる。FO4

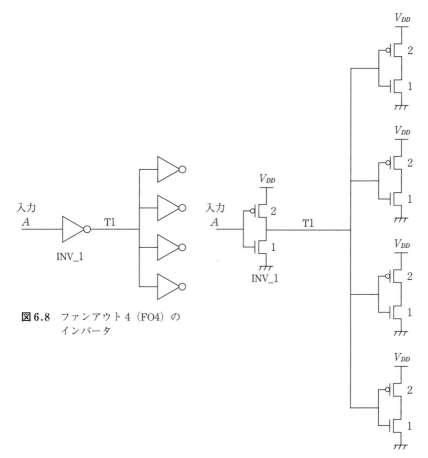

図 6.8 ファンアウト 4（FO4）の インバータ

図 6.9 ファンアウト 4（FO4）インバータ のトランジスタレベルの回路図

[†] 配線容量も考慮する際には，配線容量の値を単位インバータのゲート容量値で換算し，負荷容量として加えれば同様の解析ができる。

72   6. CMOS回路の遅延時間

でのT1に付くゲート容量の総和は

$$C_g = (C + 2C) \times 4 = 12C \tag{6.13}$$

である。一方，単位インバータのnMOSのドレインの接合容量の大きさがCに等しい場合を想定すると，pMOSのドレインの接合容量はWが2倍なので$2C$となり，T1に付く接合容量の総和は

$$C_j = C + 2C = 3C \tag{6.14}$$

である。以上から，FO4でのT1に付く負荷容量は

$$C_L = 12C + 3C = 15C \tag{6.15}$$

となる。65 nmプロセスでの典型的な値として[2]，単位インバータのnMOSのゲート容量Cは0.1 fF，単位インバータのnMOSの等価抵抗Rは15 kΩとすると，FO4のINV_1の立下り遅延時間t_{pd_f}は

$$t_{pd\_f} = 0.75 \times R \times 15C = 0.75 \times 15 \text{ k}\Omega \times (15 \times 0.1 \text{ fF}) = 17 \text{ ps} \tag{6.16}$$

となる。また，pMOSではWの大きさを2としているので等価抵抗はRとなり，立上り遅延時間t_{pd_r}も17 psとなる。

【例題 6.2】

単位インバータINV_1がn個の単位インバータを駆動しているとき，INV_1の立下り遅延時間と立上り遅延時間をそれぞれRとCで表せ。

【例題 6.2 の解答と解説】

INV_1の出力T1に付くゲート容量の総和は

$$C_g = (C + 2C) \times n = 3nC \tag{6.17}$$

であり，接合容量の総和は上の説明と同じ$3C$なので，負荷容量は

$$C_L = 3nC + 3C = 3(n + 1)C \tag{6.18}$$

となる。したがって，立下り遅延時間は

$$t_{pd\_f} = 0.75 \times 3(n + 1)RC = 2.25(n + 1)RC \tag{6.19}$$

で表される。立上り遅延時間も式 (6.19) と同じである。式 (6.19) からわかるように，駆動するインバータの個数nを増やしていくと遅延時間が直線的に増大する。

【例題 6.3】

nMOSとpMOSのWの大きさが，それぞれ単位インバータのk倍であるインバータINV_2を考える。このインバータINV_2がn個の単位インバータを駆動し

ているとき，INV_2 の立下り遅延時間と立上り遅延時間をそれぞれ R と C で表せ．

【例題 6.3 の解答と解説】

この様子を図 6.10 に示す．負荷容量を駆動する場合，駆動する回路（この例の INV_2）はドライバ（driver）と呼ばれる．INV_2 の出力 T1 に付く寄生容量として，ゲート容量は【例題 6.2】と同じで $3nC$ である．

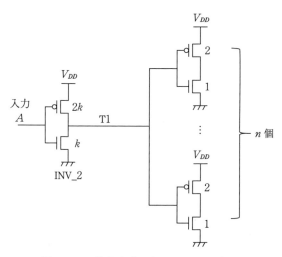

図 6.10 k 倍サイズのインバータが n 個の単位インバータを駆動する回路

一方，INV_2 の接合容量は，nMOS と pMOS の W の大きさがそれぞれ単位インバータの k 倍になるので

$$C_j = kC + k \cdot 2C = 3kC \tag{6.20}$$

となり，負荷容量としては

$$C_L = 3nC + 3kC = 3(n+k)C \tag{6.21}$$

となる．一方，INV_2 の等価抵抗は W に反比例するため単位インバータの $1/k$ 倍になり，R/k となる．したがって，立下り遅延時間は

$$t_{pd\_f} = 0.75 \times \frac{R}{k} \times 3(n+k)C = 2.25\left(\frac{n}{k}+1\right)RC \tag{6.22}$$

で表される．立上り遅延時間も式 (6.22) と同じである．式 (6.22) からわかるように，ドライバの W の大きさを k 倍にすると，n が大きい場合（つまり，駆動すべきゲート容量が大きい場合）には，遅延時間を減らすのに効果的である．

本節の最後に，NAND回路やNOR回路の遅延時間がどのような特徴を持つのかについて，RCモデルを使って考えてみたい。いま，単位インバータのWと同じサイズを使ったNAND回路（**図6.11**(a)）を例に取ると，このNAND回路の出力が立下るときの様子は図（b）のようになる。すなわち，負荷容量C_Lが放電するのは二つの直列のnMOSがともにオンしたときであり，Rが2個直列に接続した抵抗を通って放電電流が流れる。Rが1個だけの場合（単位インバータ）に比べて抵抗が大きくなるので，NAND回路では単位インバータよりも立下り遅延時間が大きくなる[†]。

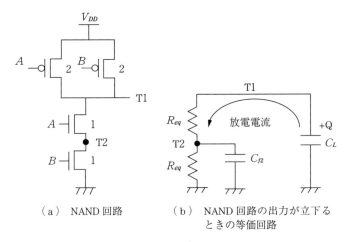

(a) NAND回路　　(b) NAND回路の出力が立下るときの等価回路

図6.11 NAND回路のRCモデル

これと同様に，単位インバータのWと同じサイズを使ったNOR回路を想定すると，NOR回路では，立上り時に2個の直列のpMOSを通って充電電流が流れるので，単位インバータよりも立上り遅延時間が大きくなる。

[†] 立下り遅延時間をR, Cを用いた式で表すことは可能だが，その際に2個のRの接続点（ノードT2）に付く接合容量C_{j2}を考慮したRC回路に対し，エルモア遅延（Elmore delay）を求める必要がある。本書の範囲を超えるため，興味のある読者は参考文献2), 3) を参照されたい。

章 末 問 題

【6.1】 図6.12(a)のように，単位インバータ INV_1 の出力 Y に容量 C_{Y_gate} が付いている回路を考える。C_{Y_gate} は INV_1 が駆動するゲート容量の総和で，大きさが $192C$ である。一方，図(b)の回路は，単位インバータ INV_1 と出力 Y の間に，W サイズを段階的に大きくしたインバータを2段挟んだ回路であり，Y には図(a)の回路と同じ大きさの容量が付いている。どちらの回路も $Y=\overline{A}$ の値を出力する。図中，それぞれのインバータに対して，pMOS と nMOS の W サイズ (W_p と W_n) が記されている。いま，0 V から V_{DD} に瞬時に変化する信号が入力 A に与えられた場合を想定し，つぎの問題に答えよ。なお，立下りと立上りの遅延時間の計算では RC 遅延モデルを用いるものとする。また，単位インバータの nMOS の等価抵抗とゲート容量をそれぞれ R，C とする。

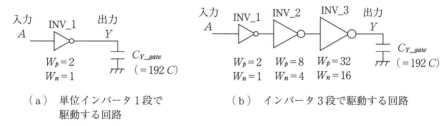

(a) 単位インバータ1段で駆動する回路

(b) インバータ3段で駆動する回路

図6.12 負荷容量の駆動と遅延時間

(1) 図(a)において，入力 A が変化してから出力 Y が立下るまでの遅延時間 $t_{pd\_f(a)}$ を R，C で表せ。

(2) 図(b)において，入力 A が変化してから出力 Y が立下るまでの遅延時間 $t_{pd\_f(b)}$ を R，C で表せ。なお，$t_{pd\_f(b)}$ は，INV_1 の立下り遅延時間，INV_2 の立上り遅延時間，INV_3 の立下り遅延時間の総和で求められるものとする。

(3) $t_{pd\_f(a)}$ と $t_{pd\_f(b)}$ では，どちらが短いか。また，その比はどれくらいか。

【6.2】 インバータの遅延時間をチップで実測する方法として，**リングオシレータ** (ring oscillator) と呼ぶ回路を用いる方法がある。リングオシレータの一例を**図6.13**に示す。リングオシレータは，同じサイズのインバータを奇数段接続し，その出力を初段のインバータの入力に接続したものであるが，図の回路はインバータ3段の例である。A の値が0のとき，インバータ3段分の遅延時間後にその反転データ1が出力 Y に現れ，入力 A に戻される。このデータ1は，インバータ3

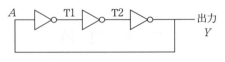

図 6.13 リングオシレータ

段分の遅延時間後に反転データ 0 として出力 Y に現れ，入力 A に戻されるので，出力 Y は 1 → 0 → 1 → 0 → … を繰り返す（発振する）。

(1) インバータ 1 個の立下り遅延時間を t_{pd_f}，立上り遅延時間を t_{pd_r} としたとき，発振周期 T を t_{pd_f}, t_{pd_r} を使って表せ。
(2) t_{pd_f} と t_{pd_r} の平均値 $t_{pd} (=(t_{pd\_f}+t_{pd\_r})/2)$ を用いて発振周期 T を表せ。
(3) インバータが N 段のリングオシレータでは，発振周期 T と発振周波数 f はどうなるか。それぞれ t_{pd} と N を用いて表せ。
(4) インバータが 1001 段のリングオシレータを作り，発振周波数を測定したところ 40 MHz であったという。このとき，t_{pd}（インバータ 1 段の平均遅延時間）はどれくらいと考えられるか。

引用・参考文献

1) Yuan Taur, Tak H. Ning 著，芝原健太郎 監訳：タウア・ニン 最新 VLSI の基礎（第 2 版），丸善出版（2013）
2) N. H. E. Weste, D. M. Harris 著，宇佐美公良，池田 誠，小林和淑 監訳：CMOS VLSI 回路設計（基礎編），丸善出版（2014）
3) J. Rabaey, A. Chandrakasan, B. Nikolic：Digital Integrated Circuits (2nd ed.), Prentice Hall（2003）
4) 菅野卓雄 監修，飯塚哲哉 編：CMOS 超 LSI の設計，培風館（1989）
5) 吉本雅彦：集積回路工学，オーム社（2013）

7 スイッチとしての弱点と伝送ゲートのしくみ

　これまで，MOS トランジスタはスイッチと等価である，として話を進めてきたが，じつをいうと 100 パーセント等価ではない。MOS トランジスタは，スイッチとして使ううえで非常に大きな弱点がある。本章ではそれを明らかにするとともに，ディジタル集積回路でそれをどのように解決しているのかについて述べる。さらに，それを踏まえ，選択回路（マルチプレクサ）やラッチ，フリップフロップで使われる伝送ゲートのしくみを説明する。

7.1　スイッチとしての MOS トランジスタの弱点

　ここまで読んでこられた読者の中には，こんな素朴な疑問をお持ちの人がいらっしゃるのではないだろうか。そもそもなぜ pMOS はつねに電源側に接続し，nMOS はグランド側に接続するのか，という疑問である。CMOS インバータの回路は**図 7.1** のようになっているが，pMOS と nMOS で上下を入れ替え，**図 7.2** のように nMOS を電源につなぎ pMOS をグランドにつないではいけな

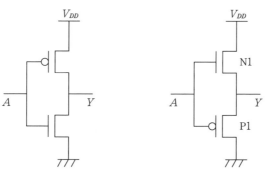

図 7.1　CMOS インバータ回路　　図 7.2　nMOS と pMOS で上下を入れ替えた回路

いのだろうか。

　疑問はさらにあって，これまでに学んだ CMOS 論理回路は，NAND 回路や NOR 回路のように論理式に否定が付くようなものばかりだった。なぜ素直な AND 回路や OR 回路が出てこないのだろうか。そういえば，CMOS NOR 回路（図 7.3）にしても，pMOS が電源側で nMOS がグランド側に接続されているが，これも上下を入れ替えて，図 7.4 のようにするとどうなるのだろうか。論理としては，入力 A と B が両方 1 のときのみ出力が 1 で，それ以外では出力が 0 になるような気がする。もしそうなら，これで AND 回路ができていることになる。これはひょっとして大発明かも（!?）…と一瞬わくわくするのだが，図 7.2 や図 7.4 の構成は，残念ながら通常使われない。それは，「回路的に」非常に大きな問題を抱えるからである。これについてつぎに説明する。

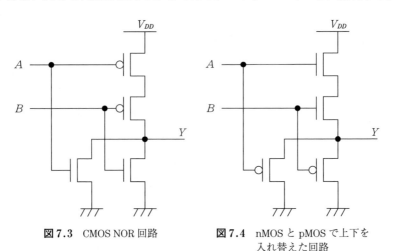

　図 7.3　CMOS NOR 回路　　　図 7.4　nMOS と pMOS で上下を入れ替えた回路

　前出の図 7.2 の回路で，どのようなことが起こるかを考えてみよう。入力 A が 1 のとき，nMOS（N1）がオンし pMOS（P1）がオフする。このとき，出力 Y の電圧は何ボルトになるだろうか。

　これを考えるために，N1 だけ取り出したものを図 7.5 に示す。

7.1 スイッチとしての MOS トランジスタの弱点

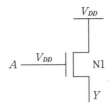

図 7.5 nMOS（N1）

N1 のソース，ドレイン，ゲートの電圧と，それに対する動作を見てみよう。まず，入力 A が 1 なので，ゲートの電圧は V_{DD} である。つぎに，ソースとドレインであるが，nMOS では，電圧の低い側がソース，高い側がドレインなので，すでに電源につながっている側がドレインとなる。とすると，出力 Y につながっているほうがソースになる。さて，5 章で学んだように，MOS トランジスタがオンするための条件というのがあり，nMOS がオンするには，ゲート-ソース間電圧 V_{gs} としきい値 V_{tn} の関係が

$$V_{gs} \geq V_{tn} \tag{7.1}$$

となっていなければならない。つまり，この不等式の関係が成り立っていないと，トランジスタはオンしない。$V_{gs} = V_g - V_s$ なので，これを式 (7.1) に代入すると

$$V_g - V_s \geq V_{tn} \tag{7.2}$$

となる。いま，ゲートの電圧 V_g は V_{DD} なので，これを代入して整理すると

$$V_s \leq V_{DD} - V_{tn} \tag{7.3}$$

となり，ソースの電圧 V_s が $V_{DD} - V_{tn}$ 以下でないと nMOS はオンできない。これを図 7.5 に当てはめてみると，出力 Y（N1 のソース）の電圧は，最大で $V_{DD} - V_{tn}$ までしか上がらないことになる。V_{DD} が 1.2 V のとき，nMOS の V_{tn} は 0.3 〜 0.4 V くらいに設定されるのが典型的だが，そうすると図 7.2 の回路では，出力 Y はどんなに高くても 0.8 〜 0.9 V までしか上がらないことになる。

80　　　7. スイッチとしての弱点と伝送ゲートのしくみ

同様の現象が，入力 A が 0 のときにも生ずる。このとき，pMOS（P1）がオンできるためには，pMOS のしきい値を V_{tp} とすると，P1 のソース（出力 Y）†の電圧は $|V_{tp}|$ までしか「下がらない」ことになる。V_{tp} が例えば -0.4 V 位に設定されているとすると，出力 Y はどんなに低くても 0.4 V までしか下がらないことになる。

このように，pMOS では 0 V を伝えられず，nMOS では V_{DD} を伝えられない。結果として図 7.2 の回路では，出力として最小で $|V_{tp}|$，最大で $V_{DD}-V_{tn}$ の電圧しか出すことができ，0 V から V_{DD} までの電圧振幅は得られない。これと同じ理由で，図 7.4 の回路は，出力の電圧が 0 V まで下がらず V_{DD} まで上がらないという性質を持っている。

図 7.1 や図 7.3 に代表される CMOS 回路の最大の特長は，出力が 0 V から電源電圧 V_{DD} までフル振幅することである。この特長のため，CMOS 回路を多段につないで複雑な論理回路を構成する場合でも，回路と回路を結ぶ信号の電圧は減衰しないので，大きな動作マージンを確保できる。もし，図 7.2 や図 7.4 の回路の出力を 0 V から V_{DD} までフル振幅させようとすると，そのための電圧振幅変換回路が，各段で必要となるため，面積的にも動作速度の面でも不利である。

このように，「pMOS は電源側に接続し，nMOS はグランド側に接続する」というルールは，じつは，pMOS と nMOS それぞれの弱点をカバーするための知恵だったわけである。本来なら，スイッチはオンすれば，入力された電圧をそのまま出力できるのが理想だが，MOS トランジスタはそれができない。しかし，nMOS は 0 V なら伝えることができ，pMOS は V_{DD} の電圧なら伝えることができる。それなら，たがいに得意な部分を活かそうという発想（適材適所の原理）が，CMOS 回路には現れている。

---

†　pMOS トランジスタは，ソースとドレインを比べたとき電圧の高いほうがソース，低いほうがドレインである。図 7.2 では，すでにグランド（0 V）と接続している側がドレインとなるので，出力 Y につながっている側がソースである。

7.2 伝 送 ゲ ー ト

　CMOS論理回路では、「pMOSはつねに電源側に接続しnMOSはグランド側に接続する」というルールにより、pMOSとnMOSをそれぞれ得意分野で活躍させている。ところが、このルールを適用できない場合があり、別の本質的な対策が必要になる。そのケースを考えてみよう。

　いま、入力信号S, A, Bと出力信号Yを持つ回路を考える。この回路では

　　$S=1$のとき、入力Aの値をYに出力し、

　　$S=0$のとき、入力Bの値をYに出力する。

この回路は**選択回路**（selector、または**マルチプレクサ**（multiplexer））と呼ばれる。できるだけ少ない数のMOSトランジスタとインバータだけを使って、この回路を作ってみよう。

　概念的には、**図7.6**のような構造になる。スイッチを二つ用意し、入力Aを通すか入力Bを通すかを、Sで切り替えればよい。スイッチSW1は$S=1$のときにオンし、Aの値を出力Yに伝える。このときSW2はオフしておく。一方、$S=0$のときは、SW2をオンしてBの値を出力に伝え、SW1はオフしておく。

　つぎに、これをMOSトランジスタとインバータを用いて実現してみよう。スイッチとしてnMOSを使った回路図が、**図7.7**である。$S=1$のときにはN1がオンしN2がオフするので、Aの値がYに伝わる。また、$S=0$のときにはN1がオフしてN2がオンしBの値がYに伝わるので、上手くいくように見える。ところが、（すでに気づいた読者もいると思うが）N1がオンしても、入力Aが1、すなわちAがV_{DD}の電圧のときには、出力Yの電圧はV_{DD}まで上がらない。nMOSはV_{DD}が伝えられないからである。一方、Aが0のときには、N1がオンのとき出力Yは0Vになる。これと同様の現象がN2でも生ずる。

　このように、図7.7の回路には、入力A, Bのデータが1の場合には出力Yの電圧がV_{DD}まで上がらないという大きな欠点がある。それなら、N1とN2の代わりにpMOSをスイッチとして用いればよいかというと、今度はAやB

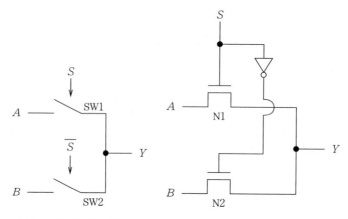

図7.6 選択回路の概念図　　**図7.7** nMOSを使った選択回路

が0のとき，出力 Y が0Vまで下がり切らない。こういった問題は，これまでのCMOS論理ゲートの回路のように，「pMOSはつねに電源側に接続しnMOSはグランド側に接続する」というルールが適用できる場合には起こらなかった。なぜ，今回こんなことが起こるかというと，入力信号が入る部分が違うからである。図7.1や図7.3に示すCMOS論理ゲートの回路では，入力信号 A や B はつねにMOSトランジスタの「ゲート」に入る。これに対し，図7.7に示す回路は，nMOS（または，pMOS）の「ドレイン」に入力 A, B が入る構造になっている。ドレインに入ってくるデータ A, B は0の場合も1の場合もあり，どちらの値も通せるようになっていなければならない。

そこで，nMOSがオンしているとき，同時にpMOSにアシストさせることを考える。具体的には，**図7.8**（a）に示すように，nMOSとpMOSのソースとドレインをたがいに結線し，並列接続した構造を考える。しかも，nMOSがオンするときはpMOSもオンさせるようにする。このため，nMOSのゲートに接続する信号 S の反転信号をpMOSのゲートに入れるようにし，$S=1$ ならnMOS，pMOSともにオンさせ $S=0$ ならともにオフさせる。いま，入力 A が1（電圧 V_{DD}）のときを考えよう。$S=1$ のとき，nMOSがオンするので，ノードT1の電圧はnMOSによって $V_{DD}-V_{tn}$ まで上がる。ところが，pMOSが同

7.2 伝送ゲート

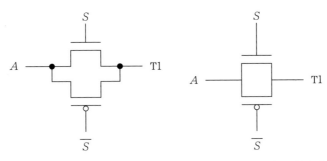

（a） 伝送ゲートの構造　　（b） 伝送ゲート（別の描き方）

図 7.8　伝送ゲート

時にオンしているため，このpMOSによってノードT1の電圧はさらに引き上げられ，入力Aの電圧V_{DD}まで上昇する。pMOSは入力電圧V_{DD}を伝えられるためである。一方，入力Aが0のときは，pMOSは0Vを伝えることができないが，同時にオンしているnMOSが伝えることができるため，ノードT1は0Vとなる。このように，図(a)の構造を使うと，入力Aが1の場合でも0の場合でも，ノードT1にはきちんとV_{DD}と0Vの電圧が現れる。図(a)の構造を**伝送ゲート**（transmission gate）と呼ぶ。図(a)の回路は，図(b)のように描かれる場合もある。これに対し，図7.7のnMOS（N1とN2）は**パストランジスタ**（pass transistor）と呼ばれる。

図7.8の伝送ゲートをスイッチとして使うと，この選択回路は**図7.9**のようになる。伝送ゲートTG1は$S=1$のときにオンし，$S=0$でオフする。一方，伝送ゲートTG2は，TG1と逆で，$S=1$のときにオフし$S=0$でオンすることに注意しよう。$S=1$のとき，TG1がオンしTG2がオフするため，Aの値が1なら出力YはV_{DD}の電圧になり，Aが0ならYは0Vになる。このように，出力Yには0VからV_{DD}までフル振幅した電圧が現れる。$S=0$のときには，同様に，Bの電圧が出力Yに現れる。このように，図7.9の構成を取ることにより，出力Yが0VからV_{DD}までフル振幅する選択回路が実現できる。

このように，選択回路を実現するうえで鍵を握っていたのは，まぎれもなく伝送ゲート（図7.8）であった。伝送ゲートの発想は，nMOSとpMOSを抱き

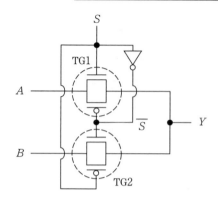

図7.9 伝送ゲートを使った選択回路（マルチプレクサ）

合わせにし，自分がオン状態を維持できなくなっても相手にオン状態をキープしてもらうことにより，入力の電圧 V_{DD} と 0 V をきちんと出力に伝えることにあった．そこでは，困難に直面したとき，nMOS と pMOS がたがいに助け合うしくみが実現されているといえる．相互扶助の原理，といってもよいかもしれない．

これまで述べてきたしくみに共通している点は，「nMOS と pMOS それぞれが持つ弱点をたがいに補い合う」というきわめて理想的なしくみである．**CMOS**（complementary MOS）という名前にある complementary（相補的な）の本質が，まさにここに集約されている．

章 末 問 題

【7.1】選択信号 $S1$, $S0$ の値によって，入力データ A, B, C, D のいずれかの値を Y に出力する4入力マルチプレクサ回路を作れ．ただし，伝送ゲートとインバータのみ使用してよい．なお，$S1$, $S0$ がどのような値のときに，どの入力データを選んで出力するかは，**表7.1**に示すとおりとする．

【7.2】選択信号 SA, SB, SC, SD の値によって，入力データ A, B, C, D のいずれかの値を Y に出力する4入力マルチプレクサ回路を作れ．ただし，伝送ゲートとインバータのみ使用してよい．なお，各選択信号がどのような値のときに，どの入力データを選んで出力するかは，**表7.2**に示すとおりとする．また，各選択信号は，表7.2に示す値以外は取らないものとする．

章　末　問　題　　　85

表7.1　選択信号 $S1$, $S0$ と Y に
出力するデータ

$S1$	$S0$	Y に出力するデータ
0	0	入力データ A
0	1	入力データ B
1	0	入力データ C
1	1	入力データ D

表7.2　選択信号 SA, SB, SC, SD と Y に
出力するデータ

SA	SB	SC	SD	Y に出力するデータ
1	0	0	0	入力データ A
0	1	0	0	入力データ B
0	0	1	0	入力データ C
0	0	0	1	入力データ D

8
CMOS 記憶回路と動作のしくみ

これまで学んだ CMOS インバータや NAND 回路等は，いずれも **組合せ回路**（combinational circuit）と呼ばれる回路の仲間であった。ところが，集積回路の中で使われる回路には，組合せ回路以外に **順序回路**（sequential circuit）と呼ばれる回路があり，これを実現するには，フリップフロップやラッチといった「記憶機能を持つ回路」が必要となる。フリップフロップやラッチは，MOS トランジスタを使ってどうやって作るのだろうか。本章では，CMOS インバータ 2 個でループを作り，それにより 1 ビットのデータを記憶する基本構造について紹介する。さらに，その構造を使って，ラッチと D フリップフロップ，さらには，半導体メモリである SRAM が作られていることを説明する。

8.1 ラッチ回路

いま，組合せ回路として 1 個の NAND 回路を考える（図 8.1）。入力 A のデータが 1 で，B のデータが 0 から 1 もしくは 1 から 0 に変化すると，出力 Y の値は変化する。入力 A, B のデータがどのように変化しても，NAND 回路の出力の値を保持したい場合には，図 8.2 のように，ノード Y になんらかのデータ保持回路（記憶回路）を接続する必要がある。

この記憶回路は，どうやって作ったらよいのだろうか。ポイントは，つぎの二つである。

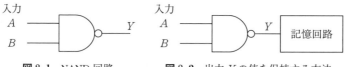

図 8.1　NAND 回路　　　図 8.2　出力 Y の値を保持する方法

8.1 ラッチ回路

① 記憶回路の入力にスイッチを設ける(図8.3(a))

　記憶回路の入力にスイッチを設けておき,スイッチを切ることで,組合せ回路の出力 Y と記憶回路の内部ノード N1 を電気的に切り離す。こうすれば,Y が変化しても N1 は影響を受けずにすむ。

② 電気的に切り離されたノード N1 に対してデータを保持する工夫を行う(図8.3(b))

　電気的に切り離すとノード N1 にはどこからも 1,0 のデータが供給されなくなるので,供給が途切れないよう工夫を施す。

図8.3　記憶回路を作るうえでのポイント

①のスイッチは,7章で説明した伝送ゲートで実現できる。一方,②は,「インバータループ」という回路を使うことで実現できる。インバータループとは,インバータを2段,直列につなぎ,2段目の出力を1段目のインバータの入力に接続した回路である。インバータを2段つなぐと,2段目の出力の論理値はつねに1段目の入力の論理値と同じであり,この二つをつないでループを作ると,非常に安定したデータ保持回路(記憶回路)ができる。図8.3(b)では,スイッチをオフしても,インバータループにより,ノード N1 には,つねにノード N1 と同じ論理値のノード Q のデータが供給される。すなわち,スイッチを切った後も,ノード N1 と Q にはスイッチを切る前のデータが保持されることになる。

さて,図8.3(b)の記憶回路には一つ困ったことがある。インバータループのノード N1 のデータは,ノード Q からのフィードバックがかかって安定している。このため,データを更新する際に N1 のデータを変更しようとしても,なかなか変わらない。そこで,データを更新するときは,インバータルー

プを電気的に切るようにする。このように変更した回路が，**図 8.4** である。スイッチ 2 を追加して，データ更新時（スイッチ 1 をオンするとき）にはスイッチ 2 を切るようにする。一方，データ保持時（スイッチ 1 をオフするとき）にはスイッチ 2 をオンするようにする。スイッチを伝送ゲートで実現した完成版を，**図 8.5** に示す。これが**ラッチ回路**（latch circuit）である。

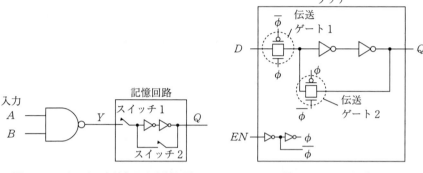

図 8.4　スイッチ 2 を追加した記憶回路　　　図 8.5　ラッチ回路

ラッチ回路は，データ入力 D とイネーブル入力 EN という二つの入力信号を持ち，出力信号は Q である。ラッチに保持されているデータが，出力 Q に現れる。イネーブル信号 EN からは，ラッチ内部で ϕ と $\overline{\phi}$ という二つの信号が作られ，伝送ゲートの nMOS と pMOS のゲートに接続される。なお，ϕ には EN と同じ論理が現れ，$\overline{\phi}$ には EN の反転論理が現れる。

さて，つぎにラッチ回路の動作を詳しく見ていく。その際に，各信号の時間的変化を波形で表した**タイミングチャート**（timing chart）を使う。タイミングチャートの見方を知っている読者は，このあとすぐ例題 8.1 を解いてほしい。一方，タイミングチャートを初めて目にする読者は，このあとのまめ知識を読んでから例題 8.1 を解いてみよう。

======**ま　め　知　識**===

　タイミングチャートとは，図 8.6 のように，横軸に時間を取り，縦軸に信号の値（0 または 1 の論理値，または電圧値）を取って，信号の値が時間とともに

8.1 ラッチ回路

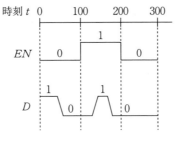

図 8.6 タイミングチャート

どのように変化するかを示したものである．例えば，信号 EN は，時刻 $t=0$ から $t=100$ まで論理値 0 を取り，$t=100$ で論理値 1 に変化して，$t=200$ で論理値 0 に変化している．物理的な電圧値として，論理値 1 が電源電圧 1.2 V に，論理値 0 が 0 V に対応付けされているのなら，信号 EN の電圧は最初 0 V であり，時刻 $t=100$ で 1.2 V に変化していると見ることができる．一方，信号 D は，$t=0$ で論理値 1 であり，$t=50$ あたりで論理値 0 に変化した後，時刻 $t=100$ から $t=200$ の間に $0 \to 1 \to 0$ と変化することがわかる．EN，D の時間的変化を示す線は，どちらも波形（信号波形）と呼ばれる．

【例題 8.1】

図 8.5 に示したラッチ回路の入力 D と EN に対し，図 8.7 に示す波形の信号が与えられた場合を考える．つぎの問題に答えよ．

(1) 伝送ゲート 1 と伝送ゲート 2 は，それぞれどの時間帯にオン／オフとなるか．図の「伝送ゲート 1」の右側に続くカッコ（ ）と「伝送ゲート 2」の右側に続くカッコ（ ）に，オンまたはオフを書き入れよ．

(2) ラッチでは，伝送ゲート 1 がオンして入力 D のデータがそのまま Q に出力される状態を**スルー**（through）[†]と呼び，伝送ゲート 1 がオフしてインバータループが形成されている状態を**保持**（hold）と呼ぶ．図の「スルー／保持」の右側に続くカッコ（ ）に，スルーまたは保持を書き入れよ．

(3) 出力 Q の波形を図に書き入れよ．

[†] トランスペアレント（transparent）ともいう．このため，図 8.5 のラッチは，トランスペアレントラッチとも呼ばれる．

8. CMOS 記憶回路と動作のしくみ

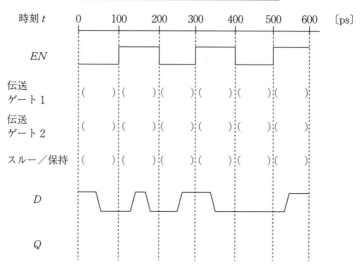

図 8.7 ラッチ回路に対する信号波形と状態

【例題 8.1 の解答と解説】

　図 8.8 に解答を示す。まず，「伝送ゲート 1」のオン／オフを見てみよう。伝送ゲート 1 は，イネーブル信号 EN が 1 のときオンし，EN が 0 のときオフする。これは，EN と ϕ が同相の信号（EN が 1 なら ϕ も 1，EN が 0 なら ϕ も 0）だか

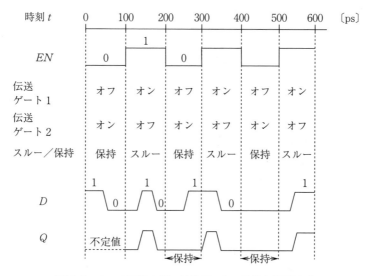

図 8.8 ラッチ回路内部の伝送ゲートの動作と信号波形

8.1 ラ ッ チ 回 路

らである。図の EN の入力波形では，時刻 $t=0$ から $t=100$ の時間帯（これを
[0,100] と表記する）に加え，[200,300]，[400,500] の時間帯に EN が 0 になる
ため，伝送ゲート 1 がオフになる。一方，[100,200]，[300,400]，[500,600] の時
間帯は EN が 1 になるため，伝送ゲート 1 がオンする。

これに対し，「伝送ゲート 2」は EN が 0 のときオンし，1 のときオフする。こ
れは，EN と $\overline{\phi}$ が逆相（EN が 1 なら $\overline{\phi}$ は 0，EN が 0 なら $\overline{\phi}$ は 1）だからであ
る。これにより，伝送ゲート 2 は，[0,100]，[200,300]，[400,500] の時間帯にオ
ンし，[100,200]，[300,400]，[500,600] の時間帯にオフする。各時間帯で，伝送
ゲート 1 と 2 のオン／オフ状況を見てみると，伝送ゲートの一方がオンしたとき
は必ず他方がオフする，という動きをしていることがわかる。

ラッチの動作（スルーか保持か）を見てみよう。[100,200] の時間帯は，伝送
ゲート 1 がオンし，伝送ゲート 2 がオフしてインバータループが切れるので，D
の値がそのままラッチに入って Q に出力される。これは「スルー」の動作である。
つぎの [200,300] の時間帯は，伝送ゲート 1 がオフし伝送ゲート 2 がオンするの
で，D のデータはラッチに入らなくなると同時に，インバータループが形成され
て，Q のデータは「保持」される。$t=300$ 以降の動作も同様である。

各時間帯で，スルーか保持かがわかったので，図のような D の波形が入力され
たとき Q の値がどうなるのかを考えてみよう。[100,200] の時間帯はラッチがス
ルーなので，D の値がそのまま Q に現れる。まず，注意して欲しい点は，時刻 $t=$
100 で伝送ゲート 1 がオンした直後の Q の値である。時刻 $t=100$ で D の値は 0 な
ので，Q の値も 0 になる。以降，$t=200$ になるまで，D の値に追随して Q の値が
変わる。つぎに，$t=200$ で伝送ゲート 1 がオフする（閉まる）わけだが，閉まっ
たときに D の値が 0 であるため，閉まった後ラッチ内では 0 の値が保持される[†]。
[200,300] の期間中，入力 D の値は 0 から 1 へと変化するが，ラッチは保持動作
を行っているため，出力 Q の値は 0 から変化しないことに注意しよう。$t=300$ で
伝送ゲート 1 がオンすると，そのときの D の値，すなわち 1 がラッチの中に入っ
てくる。それまで保持されていた値は 0 なので，伝送ゲート 1 がオンすると Q の
値は 0 から 1 に変化する。[300,400] の時間帯はラッチがスルーなので，D の値に
追随して Q の値が変わる。$t=400$ で伝送ゲート 1 がオフすると，そのときの D の

[†] 実際の集積回路の設計では，伝送ゲート 1 がオフするよりも少し前に D の値を確定さ
せ，伝送ゲート 1 がオフしてからも少しの間 D の値は変化させない，という設計を
行っている。伝送ゲート 1 がオフするのとほぼ同時に D の値を切り替えたり，オフし
た直後に D の値を変化させたりすると，ラッチに正しくデータが入らなかったり，正
しく保持できなかったりするためである。こういった観点からの設計をタイミング設
計という。

値 0 が［400,500］の期間中，ラッチ内で保持され，Q は 0 を保つ。$t = 500$ で伝送ゲート 1 がオンすると，再びスルー動作を行う。

さて，ここまでに一つだけ説明していない期間があるが，それは［0,100］の期間である。伝送ゲート 1 がオフなので，ラッチとしては保持動作を行うのだが，Q の値はなにになるのだろうか。答えは**不定値**（unknown value）である。不定値とは，1 か 0 か定まらない場合に対する値であり，正式な専門用語である。ラッチをはじめとする記憶回路は，電源を入れた後，0 または 1 の値を意図的に書き込む動作（リセットはこの動作の一つである）をしない限り，ラッチ内に保持される値は定まらない。したがって，［0,100］の期間中，Q の値は「不定値」となる。

8.2 フリップフロップ回路

ラッチ回路によってデータの保持（記憶）ができることがわかったが，ラッチ回路ではイネーブル信号（EN）が 1 の間は，入力データ D が変化すると出力 Q は変化する。すなわち，$EN = 1$ の間は Q の値が更新され続けることになる。一方，ディジタル集積回路では，クロック信号が周期的に変化する時刻に合わせて処理を進めていく同期回路[†]が主流であり，「クロック信号が変化する時刻でのみ」値を更新する記憶回路が必要となる。

この要求を満たす記憶回路は，**D フリップフロップ**（D flip-flop）と呼ばれ，**図 8.9** に示すように，入力信号としてデータ入力 D とクロック入力 CLK を持つ。出力信号は Q であり，フリップフロップに記憶されているデータがそのまま出力される。なお，世の中のフリップフロップには RS フリップフロップや JK フリップフロップ等，さまざまなフリップフロップが存在するが，現在

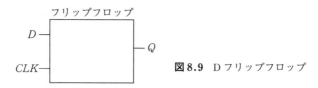

図 8.9 D フリップフロップ

[†] 同期回路については 9.3 節で詳しく説明する。

8.2 フリップフロップ回路

ディジタル集積回路で最も多く使われているのはDフリップフロップであるため，本書ではこの回路に焦点を当てて説明する。このため，以降，Dフリップフロップを単にフリップフロップと呼ぶことにする。

図8.9に示すフリップフロップは，クロック信号CLKが0から1に変化する時刻（これをCLKの**立上りエッジ**（rising edge）という）でのみ，Qの値が更新される。この回路は，MOSトランジスタを使ってどのように実現したらよいのだろうか。じつは，ラッチ回路を2個つなげることで実現できる。これを図8.10に示す。2個のラッチのうち，左側のラッチを**マスターラッチ**（master latch），右側のラッチを**スレーブラッチ**（slave latch）と呼ぶ。クロック信号CLKからはフリップフロップ回路内部でϕと$\overline{\phi}$が生成され，どちらもマスターラッチとスレーブラッチに接続されている。注意が必要なのは，マスターラッチの伝送ゲート（TG1）とスレーブラッチの伝送ゲート（TG3）に接続しているϕと$\overline{\phi}$である。TG1のnMOSには$\overline{\phi}$が接続しているのに対し，TG3のnMOSにはϕが接続している。このフリップフロップ回路の動作を理解するために，例題8.2を解いてみよう。

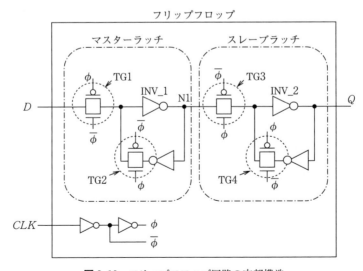

図 8.10 フリップフロップ回路の内部構造

8. CMOS記憶回路と動作のしくみ

【例題 8.2】

図 8.10 に示したフリップフロップ回路の入力 CLK と D に対し，**図 8.11** に示す波形の信号が与えられた場合を考える。つぎの問題に答えよ。

（1） 0〜100 ps，100〜200 ps，…の期間，TG1〜TG4 はそれぞれオンするかオフするか。図 8.11 の中に書き入れよ。
（2） CLK が 1 のときオンする伝送ゲートをすべて答えよ。
（3） フリップフロップ内部のノード N1 の波形を図 8.11 に書き入れよ。
（4） 出力 Q の波形を，図 8.11 に書き入れよ。
（5） Q 出力が切り替わるのは，CLK が 1 から 0 に変化するときか，それとも，CLK が 0 から 1 に変化するときか。答えよ。

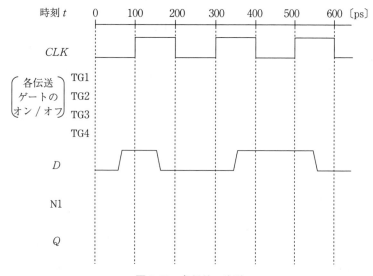

図 8.11 各信号の波形

【例題 8.2 の解答と解説】

図 8.12 に解答を示す。まず，問題（1）であるが，CLK の 0，1 に応じて ϕ と $\overline{\phi}$ が変化するため，100 ps ごとに，すべての伝送ゲートのオン／オフが変化する。オン／オフに関しては，マスターラッチの TG1 と TG2 がたがいに逆の動きをするが，これはラッチのところで学んだ。スレーブラッチの TG3 と TG4 の関係も同じである。注目すべきは，マスターラッチの TG1 とスレーブラッチの TG3 の関係である。TG1 がオンのとき TG3 はオフし，TG1 がオフのとき TG3 はオンする。TG1と TG3 がたがいに逆の動きをすることが，このフリップフロップの最大の特徴で

8.2 フリップフロップ回路

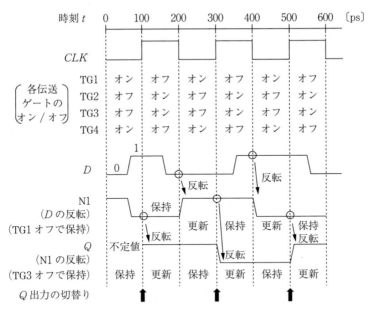

図 8.12 フリップフロップ回路の各信号の波形

ある．CLK が 1 のときにオンする伝送ゲートは，TG2 と TG3 である（問題（2）の答え）．

つぎに，フリップフロップ内部のノード N1 の動きを見てみよう（問題（3））．N1 には入力 D の値をインバータ INV_1 で反転した値が出てくるので，このことに注意しよう．まず，時間帯 [0,100] では，TG1 がオンするため，D の波形（0→1 に変化）を反転した波形が，N1 に現れる．時刻 $t=100$ では N1 の値は 0 である．つぎの時間帯 [100,200] では，TG1 がオフし TG2 がオンするため，マスターラッチは保持動作を行う．すなわち，N1 の値は 0 が保持される．つぎに，時刻 $t=200$ で TG1 がオンすると，そのときの D の値は 0 なので，INV_1 で反転した値 1 が N1 に届き，N1 は 0 から 1 に変化する．以降，100 ps ごとに，更新動作と保持動作を交互に繰り返し，N1 の波形は図に示すようになる．

さて，スレーブラッチは，この N1 の波形が入力波形になる．これを受けて Q の値がどのように変化するかを見てみよう（問題（4））．まず，時間帯 [0,100] では，TG3 がオフである．ということは，スレーブラッチは保持動作となるが，8.1 節で述べたように，この期間の Q の値は不定値となる．つぎに，時刻 $t=100$ で TG3 がオンすると，N1 の値をインバータ INV_2 で反転したデータが Q に現れる．$t=100$ での N1 の値は 0 なので，Q の値は 1 となる．時間帯 [100,200] では，

スレーブラッチは更新動作を行うが，N1 の値がこの期間中，マスターラッチによって 0 に保持されているので，結果的に Q の値も 1 に変わった後は変化しない。つぎの時間帯 [200,300] では，スレーブラッチは保持動作を行うので，Q では 1 が保持される。時刻 $t=300$ で TG3 がオンすると，そのときの N1 の値 1 がスレーブラッチに入って INV_2 で反転され，結果的に Q は 1 から 0 に変化する。以降，更新と保持が繰り返され，Q の波形は図に示すとおりになる。

ここで，Q の値がどのタイミングで切り替わるかを見てみよう。Q は時刻 $t=300$ と $t=500$ で切り替わっている。時刻 $t=100$ でも不定値から 1 に切り替わっているので，これも含めるとすると，Q 出力が切り替わるのは「CLK が 0 から 1 に変化するとき」である（問題（5）の答え）。これ以外の時刻では，Q の値は変化しない。このように，CLK の 0→1 の変化時刻（CLK の立上りエッジ）でのみ Q の値が更新されるフリップフロップが，図 8.10 の回路によって実現されている。

8.3 SRAM 回 路

SRAM（static random access memory）は，DRAM や ROM，フラッシュメモリと同様，半導体メモリの仲間であるが，ほかのメモリと異なるのは，1 ビットのデータを記憶するための回路（**メモリセル**（memory cell））にインバータループが使われるという特徴である。まず，SRAM 回路全体の構造を**図 8.13** に示す。

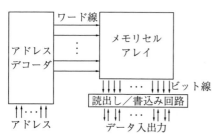

図 8.13 SRAM 回路全体の構造

構成要素は，**アドレスデコーダ**（address decoder），**メモリセルアレイ**（memory cell array），**読出し／書込み回路**（read/write circuit）である。

大量のデータが格納されるのがメモリセルアレイであり，メモリセルを縦横に並べて構成する。例えば，32 ビットのデータを 256 語（256 ワード）記憶できる半導体メモリでは，32×256 = 8192 個のメモリセルが，メモリセルアレイに配置されていることになる。アドレスデコーダの出力をメモリセルアレイに

8.3 SRAM 回路

つなぐ信号線は**ワード線**（word line）と呼ばれ，メモリセルアレイの中を水平方向に貫通する．一方，メモリセルアレイの中を垂直方向に貫通し，読出し／書込み回路と接続する信号線は**ビット線**（bit line）と呼ばれる．

SRAM の読出し動作では，アドレスが与えられると，アドレスデコーダはそれが何番地かを特定し，複数本あるワード線のうち該当するワード線を1本だけ1にし，他のワード線を0にする．メモリセルアレイの中では，1になったワード線に接続するメモリセルのデータがビット線に伝わり，そのデータによってビット線の電圧が変化する．この電圧の変化を，読出し回路の中にある**センスアンプ**（sense amplifier）という回路で高速に検出し，最終的に1または0のデータを出力する．

以下では，SRAM のメモリセルの構造と，読出し動作，および書込み動作について説明する．

8.3.1 SRAM のメモリセルの構造

図 8.14 に SRAM のメモリセルの回路構造を示す．インバータループに nMOS トランジスタが2個接続した形になっており，メモリセルが pMOS と nMOS 合わせて合計6個の MOS トランジスタで構成されている．このため，この構造を6T（6 transistor の略）SRAM セルと呼ぶ．2個の nMOS トランジスタは，**アクセストランジスタ**（access transistor）と呼ばれる．アクセストランジスタのゲートはワード線に接続し，ドレイン（または，ソース）はビット線に接続している．アクセストランジスタがオンしたとき，2本のビット線には，メモリセルで記憶されているデータの正転と反転のデータが出力されるので，それぞれ，bit と $\overline{bit}$ と呼ばれる．なお，アクセストランジスタを介して bit につながるほうのノード（図中のノード Q）のデータを，メモリセルの記憶データとし

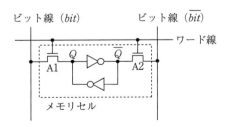

図 8.14 SRAM のメモリセルの回路構造

98   8. CMOS 記憶回路と動作のしくみ

て扱う。

8.3.2 SRAM の読出し動作と書込み動作

SRAM の読出し動作では，まず読出しに先立って，ビット線対（bit と $\overline{bit}$）を高電圧（例えば，V_{DD}）に設定する。これを**プリチャージ**（precharge）と呼ぶ。この動作によって，ビット線の寄生容量に一時的に電荷が溜められる。その後，プリチャージを止め，指定したアドレスに対するワード線が1になると，そのワード線につながるメモリセルのアクセストランジスタがオンする。いま，図8.14のメモリセルのワード線が1になり，アクセストランジスタA1，A2がオンしたとしよう。記憶されているデータとして Q が0の場合，プリチャージでビット線 bit の寄生容量に溜められた電荷は，A1 がオンすると Q（$=0\,\mathrm{V}$）の側に放電され，ビット線 bit の電圧が下がり始める。一方，プリチャージでビット線 $\overline{bit}$ にも電荷が溜められているが，$\overline{Q}$ は1なので，A2 がオンしても $\overline{bit}$ の電圧は変化しない。bit と $\overline{bit}$ の電位差をセンスアンプで高速に検知することにより，メモリセルのデータが読出される。なお，センスアンプは bit 側の電圧が $\overline{bit}$ 側の電圧より低いことを検知すると，読出し回路から0を出力する。一方，記憶データとして Q が1の場合は，$\overline{Q}$ が0なので，$\overline{bit}$ の電圧が下がり bit の電圧は変化しないため，この電位差をセンスアンプで検知して読出し回路から1が出力される。

SRAM の書込み動作では，書込むデータをビット線に設定し，指定したアドレスに対するワード線を1にすることで行う。例えば，データ1を書込むときには，書込み回路から bit の電圧を V_{DD}，$\overline{bit}$ の電圧を $0\,\mathrm{V}$ に設定して，アクセストランジスタをオンすると，メモリセル内の Q と $\overline{Q}$ の電圧がそれぞれ V_{DD} と $0\,\mathrm{V}$ に変化し，書込みが行われる。データ0を書込むときには，書込み回路から bit の電圧を $0\,\mathrm{V}$，$\overline{bit}$ の電圧を V_{DD} に設定して行う。

章 末 問 題

【8.1】 図 8.5 に示したラッチ回路の入力 D と EN に対して，図 8.15 に示す波形の信号が与えられた場合を考える。出力 Q の波形はどうなるか。図に書き入れよ。

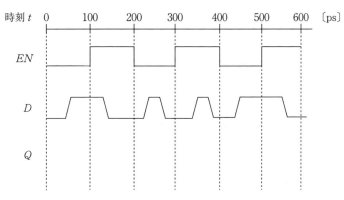

図 8.15 ラッチ回路の入力信号の波形

【8.2】 図 8.10 に示したフリップフロップ回路の入力 CLK と D に対し，図 8.16 に示す波形の信号が与えられた場合を考える。つぎの問題に答えよ。
（1） フリップフロップ内部のノード N1 の波形を，図に書き入れよ。
（2） 出力 Q の波形を，図に書き入れよ。
（3） Q 出力は何 ps ごとに切り替わるか。答えよ。

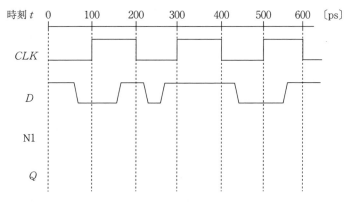

図 8.16 フリップフロップ回路の入力信号の波形

9

集積回路のタイミング設計

ディジタル集積回路の設計では，まず，論理の間違っていない回路を作る必要がある。そのうえで，回路の遅延時間を考慮した設計（**タイミング設計**）が必要となる。本章では，タイミング設計の基礎となる事項について学ぶ。

9.1　組合せ回路の遅延時間

CMOSインバータやNAND回路，NOR回路といった組合せ回路は，それぞれ，入力信号が変化してから出力信号が変化するまでに少し時間がかかる。これは，5章で学んだように，出力が1に変化するときには負荷容量を充電し，0に変化するときには負荷容量を放電しなくてはならないためである。一つの組合せ回路（例えば，インバータ1個）で，入力信号の変化時刻から出力の変化時刻までの時間を，その組合せ回路の**遅延時間**（delay）と呼ぶ。6章で述べたように，出力が0から1に変化する際の遅延時間を立上り遅延時間といい，出力が1から0に変化する際の遅延時間を立下り遅延時間という。定義としては，入力信号が $\frac{1}{2}V_{DD}$ に変化した時刻から，出力信号が $\frac{1}{2}V_{DD}$ に変化した時刻までを遅延時間としている。立上り遅延時間の値と立下り遅延時間の値は，一般的には異なる場合が多い。しかし，立上り遅延時間が立下り遅延時間より著しく大きい（あるいは，その逆）というのは，高性能の回路を設計するうえではあまり望ましくない。これは，組合せ回路では出力が立上る場合もあれば立下る場合もあり，性能を上げようとしたときに大きいほうの遅延時間が足を引っ張ってしまうからである。このため，pMOS，nMOSのゲート幅（W）を調節することにより，立上りと立下りの遅延時間を極力そろえる工夫がなさ

9.1 組合せ回路の遅延時間

れる場合もある。

つぎに，インバータやNAND回路等を複数個使った**組合せ論理回路**（combinational logic circuit）の遅延時間を考えよう。いま，組合せ論理回路の例として，**図9.1**のように，2入力AND回路が4段，数珠つなぎのように接続された回路を考える。この接続の仕方を**カスケード接続**（cascaded connection）という。なお，AND回路は，NAND回路の出力にインバータを付けて一つの部品として提供されていると仮定する。

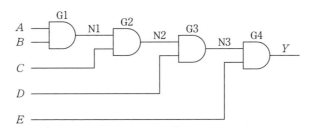

図9.1 組合せ論理回路の例

いま，AND回路1個の出力では，立上り遅延時間と立下り遅延時間が同じになるようにWが調節されているものとする。立上り（立下り）の遅延時間を単に「遅延時間」と呼ぶことにして，AND回路1段の遅延時間が30 psと仮定しよう。入力信号（$A \sim E$）が変化してから出力信号Yが変化するまでの時間を，この組合せ回路の遅延時間と呼ぶが，それは何psになるだろうか。

入力Aが変化して，その結果がN1に現れ，それがN2に伝わり，さらにN3に伝わって，Yに出力される場合，かかる時間はAND回路G1，G2，G3，G4の遅延時間の総和（30 ps × 4）で120 psとなる。これが生ずるのは，初期状態で$B \sim E$がすべて"1"で，Aが"1"から"0"に変化する場合もしくはAが"0"から"1"に変化する場合である。Aが"1"から"0"に変化する場合，N1，N2，N3で"1"→"0"の変化が起こり，出力Yが"1"から"0"に変化する。

一方，入力$A \sim D$がすべて"1"で変化せず，入力Eが変化する場合，Eの変化から出力Yの変化までにかかる時間は，AND回路G4の1段の遅延時

間だけであり，30 ps である。

このように，組合せ論理回路の遅延時間は，"0"，"1" の変化がどの経路（**パス**（path））で伝搬するかによって変わる。伝搬経路の中で，最も遅延時間の大きい経路を**クリティカルパス**（critical path）と呼び，クリティカルパスの遅延時間を**最大伝搬遅延時間**（maximum propagation delay）と呼ぶ。一方，伝搬経路の中で最も遅延時間の小さい経路において，その遅延時間を**最小伝搬遅延時間**（minimum propagation delay）と呼ぶ。

図 9.1 の組合せ論理回路の最大伝搬遅延時間は 120 ps，最小伝搬遅延時間は 30 ps である。遅延時間と一言でいっても，こんなに開きがあることがわかる。最大と最小の伝搬遅延時間はどちらも重要であり，この理由は 9.3 節で説明する。

9.2 フリップフロップ回路の遅延時間とタイミング

組合せ回路の遅延時間について前節で学んだが，ラッチやフリップフロップといった順序回路ではこういった時間は考えなくてよいのだろうか。CPU や **SoC**（system on a chip），FPGA といった現在のディジタル集積回路では，おもに，フリップフロップ回路を使うので，ここではフリップフロップ回路に注目して見ていく。8 章で学んだように，フリップフロップ回路は，データ入力 D，クロック入力 CLK という二つの入力端子を持ち，Q という出力端子を持つ（図 8.10）。

組合せ回路と違って，データ入力 D から出力 Q への遅延時間は存在しない。これは，出力 Q の変化は，あくまでもクロック CLK の変化によって引き起こされるためである。CLK の立上りエッジのタイミングで内容が更新されるフリップフロップでは，「CLK の立上りエッジから出力 Q が変化するまでの時間」を，フリップフロップの**クロック-Q 遅延時間**（英語では clock-to-Q delay）と呼ぶ。これが，フリップフロップにおける遅延時間である（**図 9.2**（a））。

このように，クロック CLK と出力 Q の間には時間的なつながりがあること

9.2 フリップフロップ回路の遅延時間とタイミング

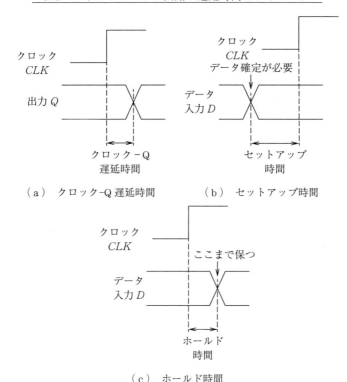

図 9.2 フリップフロップのタイミング

がわかったが，データ入力 D の時間的な配慮はまったくしなくてよいのだろうか．もう少し具体的にいうと，「CLK の立上り時刻での D の値がフリップフロップに取り込まれる」と 8 章で学んだが，CLK の立上り時刻ギリギリに D の値が確定しても大丈夫なのだろうか．さらに，CLK の立上り時刻以降はすぐに D の値を変えてしまっても問題ないのだろうか．答えをいってしまうと，フリップフロップは CLK の立上り時刻よりもある一定の時間だけ前に D の値を確定していないと，正しく値を取り込めない．さらに，CLK の立上り時刻後もある一定の時間だけ D の値を保っていないと，正しく値を取り込めない．日常生活でも，締切りギリギリにデータ（書類）を提出しても受け取れません，とか，提出したあとデータはそのまましばらく持っていて下さい，とい

104   9. 集積回路のタイミング設計

ったことがあるが，同じような話が集積回路の世界にも存在するわけである。

フリップフロップが値を正しく格納するために，「CLK の立上り時刻よりもどれだけ前に D の値を確定していなければならないか」という時間を，**セットアップ時間**（セットアップタイム（setup time））という（図 9.2（b））。さらに，フリップフロップが値を正しく格納するために，「CLK の立上り時刻よりもあとどれだけの時間，D の値を保っていないといけないか」という時間を，**ホールド時間**（ホールドタイム（hold time））という（図（c））。このように，データ入力 D に関しては，クロック CLK との間に時間的な制約が存在することに注意しよう。

9.3 同期回路とタイミング設計

9.3.1 セットアップ時間の制約

ディジタル集積回路では，クロック信号が周期的に変化する時刻に合わせて処理を進めていく**同期回路**（synchronous circuit）が主流であり，回路が「クロックに同期して動作する」といういい方をする。同期回路の典型的な構造は，**図 9.3** に示すように，フリップフロップとフリップフロップの間に組合せ回路が挟まれた構造である。クロック信号は各フリップフロップのクロック入力端子に接続されている。いま，クロック信号の立上りエッジで，フリップフロップの値が更新されると仮定する。

さて，図 9.3 の同期回路を，クロック周波数 4 GHz で動かしたい。正しく動作するだろうか。これを考えるため，クロック周期（クロックサイクル時間）を計算すると 1/4 GHz＝250 ps である。つまり，クロックの立上りエッジが 250 ps ごとに来ることになる。ということは，フリップフロップ FF1_A 〜 FF1_E の出力 Q から出た新しいデータが，組合せ回路を伝搬して FF2 に取り込まれるまでの時間を 250 ps 以内にしないと，正しい値が FF2 に取り込まれない。この条件は満たされているだろうか。計算してみよう。ただし，フリップフロップや AND 回路は，**表 9.1** に示すタイミング情報を持つものとする。

9.3 同期回路とタイミング設計

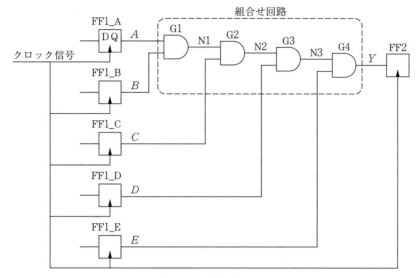

図 9.3 同期回路の例

表 9.1 タイミング情報

定　義	値〔ps〕
インバータの遅延時間	10
2 入力 AND ゲートの遅延時間	30
フリップフロップのクロック-Q 遅延時間	90
フリップフロップのセットアップ時間	60
フリップフロップのホールド時間	100

　さて，この計算を行うには，**図 9.4** のようなタイミングチャートを書いてみるとわかりやすい。

　クロック信号の立上りエッジが来る時刻を基準に取り，時刻 $t=0$ で FF1_A が新しい値を取り込むとする。新しい値を取り込んだ FF1_A からは，90 ps かかってデータがノード A に出力される。FF1_A のクロック-Q 遅延時間が 90 ps だからである。ほかのフリップフロップ FF1_B 〜 FF1_E も同様である。ノード A 〜 E のデータが時刻 $t=90$ ps で同時に変化することになるので，この変化を受けて組合せ回路中の AND 回路の出力が変化する。9.1 節で述べた

9. 集積回路のタイミング設計

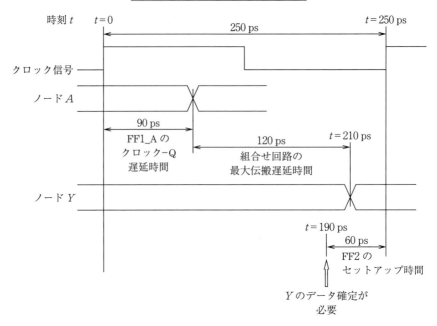

図 9.4 最大伝搬遅延時間に関するタイミングチャート

ように，この組合せ回路の遅延時間は入力データ $A \sim E$ の値によって変わるが，最大でも 120 ps あれば，組合せ回路の出力（ノード Y）のデータは確定する。これは，組合せ回路の最大伝搬遅延時間が 120 ps だからである。ということは，ノード Y のデータは，遅くとも時刻 $t = 90 + 120 = 210$ ps には確定することになる。フリップフロップ FF2 はつぎのクロックの立上りエッジ（時刻 $t = 250$ ps）で値を取り込むので，間に合っている，としがちだが，間違いである。なぜだろうか。

それは，フリップフロップにはセットアップ時間というものがあるからである。表 9.1 に，フリップフロップのセットアップ時間が 60 ps と書かれているので，FF2 の入力（ノード Y）は，どんなに遅くとも，FF2 が値を取り込む時刻 $t = 250$ ps より 60 ps 前（時刻 $t = 190$ ps）に，値を確定していないといけない。時刻 $t = 210$ ps に確定したのでは間に合っておらず，組合せ回路のクリティカルパスを通ってデータが伝搬すると，FF2 には正しい値が取り込まれな

9.3 同期回路とタイミング設計

いことになる。このようなケースを，セットアップ時間の制約が満たせていない，とか，セットアップタイムのエラー（違反）と呼ぶ。

このことを踏まえて，つぎの例題を解いてみよう。

【例題9.1】

上で計算した結果，セットアップ時間の制約が満たせていないことがわかったが，クロック周期を大きくしてでも（すなわち，クロック周波数を下げてでも）正しく動作させたいという場合がある。クロック周期を少なくとも何psまで伸ばせばよいか。また，それはクロック周波数で何GHzに相当するか。

【例題9.1の解答と解説】

出力Yは，どんなに遅くとも$t=210\,ps$には確定する。セットアップ時間が60psなので，Yの確定後，少なくとも60ps経ってからFF2のクロックの立上りエッジが来れば，正しくFF2に格納できる。ということは，$t=210\,ps+60\,ps=270\,ps$の時刻に，クロックが立上ってくれればよい。そのためにはクロック周期を270psに伸ばせばよい。クロック周波数に換算すると$1/(270\,ps) \cong 3.7\,GHz$となる。これよりも低いクロック周波数なら，この回路は正常に動作するので，この周波数を**最大動作周波数**（maximum operating frequency，または，F_{max}）という。

【例題9.2】

クロック周波数を下げることなく動作させたい，という場合，図9.3の回路をどのように改良すればよいか。なお，AND回路の遅延時間，クロック-Q遅延時間，セットアップ時間，クロック周期は変えられないものとする。また，改良する場合，組合せ回路の出力Yに現れる論理（この場合，$Y=A\cdot B\cdot C\cdot D\cdot E$）は変えないという条件で，論理回路を組み替えてもよいものとする。組合せ回路で使える部品としては，図に示す2入力AND回路だけを想定せよ。

【例題9.2の解答と解説】

いま，組合せ回路の最大伝搬遅延時間が120psと大きいので，これを短くしたい。そこで，AND回路のカスケード接続の段数を減らして最大伝搬遅延時間を短くすることを考える。その際に，組合せ回路の出力Yに現れる論理を変えないようにしなければならない。いま，組合せ回路で実現されている論理は，論理式で書くと$Y=(((A\cdot B)\cdot C)\cdot D)\cdot E$である。入力を一つずつ順にANDしているが，ANDの論理は順番を入れ替えても結果は変わらないので，$(A\cdot B)$と$(C\cdot D)$を並列に求めてその結果をANDし，最後にEとANDを取ってはどうだろう

か。これを**図 9.5** に示す。最大伝搬遅延時間は AND 回路 3 段分の遅延時間（30 ps ×3＝90 ps）であり，前と比べ短くなっている。その結果，FF1_A～FF1_E のクロック-Q 遅延（90 ps）を考慮しても，ノード Y のデータは時刻 t＝90 ps＋90 ps＝180 ps には確定することになる。t＝190 ps までにデータを確定せよという，FF2 のセットアップ時間の制約を満たせるようになるため，クロック周波数を下げずに動作できるようになる。

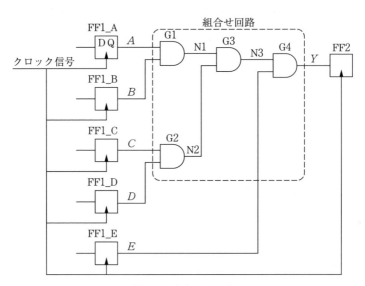

図 9.5 改良した回路

【**例題 9.3**】

クロック周期を T_c，フリップフロップのクロック-Q 遅延時間を t_{d_FF}，セットアップ時間を t_{setup}，組合せ回路の最大伝搬遅延時間 t_{pd_max} とすると，このクロック周波数（クロック周期 T_c）で動作させるためには，これらの間にどのような関係が成り立っていなければならないか。

【**例題 9.3 の解答と解説**】

すでに，例題 9.1 と例題 9.2 で議論したように

$$t_{d\_FF} + t_{pd\_max} \leq T_c - t_{setup} \tag{9.1}$$

の関係が成り立っていなければ正しく動作しない。式（9.1）は

$$t_{d\_FF} + t_{pd\_max} + t_{setup} \leq T_c \tag{9.2}$$

と変形できるため，同期回路をクロック周期 T_c で動作させるためには，フリップ

フロップのクロック-Q 遅延時間，組合せ回路の最大伝搬遅延時間，セットアップ時間の和が，T_c 以下でないといけないことを意味している．式 (9.1)（もしくは，式 (9.2)）が，同期回路でのセットアップ時間に関する制約式である．

9.3.2 ホールド時間の制約

前項では，フリップフロップのセットアップ時間に起因したタイミング制約があることを学んだが，ホールド時間に関しても同様に制約がある．同期回路では，この制約を満たすよう設計しておかないと回路が正しく動かない．

これを示す例として，シフトレジスタと呼ばれる回路を取り上げる．シフトレジスタは，図 9.6 に示すように，多数のフリップフロップをカスケード接続した回路である．いま，フリップフロップ FF1 〜 FF4 にそれぞれ 1，0，1，0 のデータが記憶されているとすると，クロック信号の立上りエッジで，FF1 の記憶データ 1 が FF2 に取り込まれ，同時に FF2 に記憶されていたデータ 0 が FF3 に取り込まれ，FF3 に記憶されていたデータ 1 が FF4 に取り込まれるといった動作が起こる．この回路を 4 ビットレジスタと考えると，クロックの立上りエッジでデータが 1 ビット右にシフトしたことと同じである．さらに，もう 1 回クロックの立上りエッジが来ると，もう 1 ビット右にシフトする動作が起こる．このように，この回路はクロック信号によって 1 ビットずつシフトする，非常にシンプルな回路として使われる．

図 9.6　シフトレジスタ

さて，このシフトレジスタも同期回路であるため，フリップフロップに関するセットアップ時間やホールド時間の制約を満たす必要がある．先ほどと同様，どのフリップフロップも表 9.1 に示したタイミング情報を持つものとし，クロック周波数 4 GHz で動作させる場合を考える．

110　9. 集積回路のタイミング設計

　セットアップ時間に関する制約の式 (9.2) を考えてみると，この回路ではフリップフロップ間に組合せ回路がないので t_{pd_max} は 0 ns である。クロック-Q 遅延時間 90 ps とセットアップ時間 60 ps を足しても，クロック周期 250 ps より十分小さいため，セットアップ時間に関する制約は満たされる。ところが，フリップフロップ間に組合せ回路がないことは，別の問題を引き起こす。それがホールド時間の制約である。

　図 9.6 の回路で，FF3 に注目しよう。FF3 にはデータ 1 が記憶されているとする。FF2 にデータ 0 が記憶されている場合，クロックの立上りエッジで FF3 に取り込まれ，FF3 にはデータ 0 が記憶されなければならない。ところが，同じクロックの立上りエッジで，FF2 にはデータ 1 が記憶される。このデータは FF2 のクロック-Q 遅延（90 ps）後，FF3 の D 入力に到達する。つまり，クロックの立上りエッジから 90 ps 後に，FF3 の D 入力は 0 から 1 に切り替わってしまう。

　すでに図 9.2 を用いて，フリップフロップのホールド時間について説明したが，図 9.6 のどのフリップフロップにおいても，クロックの立上りエッジからホールド時間（100 ps）の間は，入力データは変化させてはいけない。FF3 の D 入力も，クロックの立上りエッジから 100 ps の間はデータ 0 を保たねばならないのだが，上で述べたように，クロックの立上りエッジから 90 ps 後に 0 から 1 に切り替わってしまう。これでは，FF3 に正しく 0 が取り込まれなくなってしまう。これと同じことが，FF1，FF2，FF4 でも起こる。

　このようなケースを，ホールド時間の制約が満たせていない，とか，ホールドタイムのエラー（違反）と呼ぶ。

　ちなみに，図 9.3 の回路で，ホールド時間の制約が満たせているかどうかを議論していなかったので，チェックしてみたい。これを行うには，クロックの立上りエッジから FF2 の入力（ノード Y）までの，「最短の」遅延時間を調べる必要がある。ノード Y が最も早く切り替わる場合を調べなければならないからである。9.1 節で述べたように，この組合せ回路に注目すると，ノード E

9.3 同期回路とタイミング設計　　111

からYまでの経路（パス）が最も伝搬遅延時間が小さく，組合せ回路の最小伝搬遅延時間は 30 ps である。FF1_E のクロック-Q 遅延時間（90 ps）を考慮すると，ノードYは，最も早く変化する場合，クロックの立上りエッジから 90 ps＋30 ps＝120 ps 後に変化することがわかる。いい換えれば，ノードYのデータは少なくともクロックの立上りエッジから 120 ps の間は変化しない。一方，FF2 のホールド時間は 100 ps であるので，ホールド時間の制約は満たされていることがわかる。

以上を踏まえて，つぎの例題を解いてみよう。

【例題 9.4】

同期回路において，フリップフロップのクロック-Q 遅延時間を t_{d_FF}，ホールド時間を t_{hold}，組合せ回路の最小伝搬遅延時間 t_{pd_min} とすると，この同期回路が正しく動作するためには，これらの間にどのような関係が成り立っていなければならないか。

【例題 9.4 の解答と解説】

この例題の前に言葉で説明したが，式で表すと

$$t_{d\_FF} + t_{pd\_min} \geqq t_{hold} \tag{9.3}$$

という関係が成り立っていなければならない。これが，同期回路でのホールド時間に関する制約式である。

【例題 9.5】

ホールド時間の制約が満たせていないとき，クロック周波数を下げる方法は解決策となり得るか。

【例題 9.5 の解答と解説】

クロック周波数を下げても解決できない。式 (9.3) を見てわかるように，ホールド時間に関する制約には，クロック周期 T_c が含まれないためである。セットアップ時間と異なり，クロック周波数をいくら変えても，ホールドタイムのエラー（違反）は解消しないことを覚えておこう。

【例題 9.6】

ホールド時間の制約を満たすには，図 9.6 の回路をどのように修正すればよいか。なお，フリップフロップのクロック-Q 遅延時間，ホールド時間は変えられないものとする。また，修正する場合，図 9.6 の回路で実現される論理を変えない

という条件で修正せよ．なお，フリップフロップ以外に，遅延時間 10 ps のインバータだけは使ってよいものとする（複数使ってもよいが最小個数に抑えること）．

【例題 9.6 の解答と解説】

ホールド時間の制約を満たすには，式 (9.3) を満たさねばならないが，図 9.6 の回路の最大の問題は，フリップフロップ間の組合せ回路がまったくないため，t_{pd_min} が 0 ns になってしまっていることである．論理を変えずに，フリップフロップ間に組合せ回路を挿入することはできないだろうか．インバータだけは使ってよいと書かれているので，FF2 と FF3 の間に，インバータを 2 段，カスケード接続したものを挿入する（**図 9.7**）．このとき，式 (9.3) が満たされているかどうか，計算してみよう．クロック-Q 遅延時間は 90 ps，インバータ 2 段の遅延時間は 10 ps × 2 = 20 ps なので，$t_{d\_FF} + t_{pd\_min} = 90 \, \text{ps} + 20 \, \text{ps} = 110 \, \text{ps}$ となり，ホールド時間 t_{hold} (100 ps) よりも大きくなるため，ホールド時間の制約を満たすようになる．

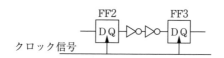

図 9.7 ホールドタイムエラーの解消方法の例

このように，フリップフロップ間にインバータを偶数段挿入することで，ホールドタイムのエラー（違反）が解消できる．通常，インバータ 2 段を一つの回路として作っておき（この回路は**バッファ** (buffer) と呼ばれる），必要最小個数のバッファを挿入して，ホールド時間の制約を満たす．この方法はよく知られており，挿入されるバッファは**ホールドバッファ** (hold buffer) と呼ばれる．

9.4 クロックスキューとクロックツリー生成 (CTS)

ここまでは，すべてのフリップフロップでクロックの立上りエッジは同時刻に起こる，という暗黙の了解のもとで，説明を進めてきた．1 個のチップの中にはフリップフロップが何千個，何万個，あるいはそれ以上の個数あるのだが，それらのフリップフロップで同時刻にクロックは立上るのだろうか．

9.4 クロックスキューとクロックツリー生成 (CTS)

これを知るには，チップ内でおのおののフリップフロップに対し，どのようにクロック信号が供給されているのかを理解する必要がある．クロック信号は，通常チップ外部で生成され，チップのピンに供給される．このクロック信号を，チップ内部のすべてのフリップフロップに供給するわけだが[†]，**図9.8**に示すように，クロック信号を配線だけでつなぐと，非常に深刻な問題が起こる．配線の電気抵抗は実際にはゼロではないので，クロック信号が伝わるのにも時間がかかる．その結果，クロック入力ピンに近いフリップフロップAには立上りエッジが早く到達し，クロック入力ピンから遠いフリップフロップBには立上りエッジが遅く到達するという現象が起こってしまう．つまり，フリップフロップAとBでは，クロックの立上りエッジは同時に来ない．フリッ

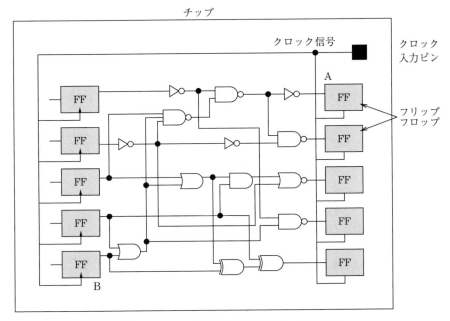

図9.8 クロック信号を配線だけでつないだ例

[†] 外部から供給されたクロック信号は，いったんチップ内部のクロック信号を生成する専用回路（位相同期回路 (PLL) や遅延同期回路 (DLL)）に入った後，フリップフロップに分配される場合もある．

プフロップ間でのクロックの立上り時刻のずれを**クロックスキュー**（clock skew）と呼ぶ。

図9.3の同期回路の例では，FF1_Aのクロックの立上りエッジが遅くFF2のクロックの立上りエッジが早いと，セットアップ時間の制約を満たすのはさらに難しくなる。図9.6の回路では逆に，FF2のクロックの立上りエッジが早くFF3のクロックの立上りエッジが遅いと，ホールド時間の制約を満たすのが難しくなる。このように，クロックスキューがあると，セットアップ時間，ホールド時間ともに制約を満たすのが難しくなるため，クロックスキューをできるだけ小さくしたい。これを解決する技術が，**クロックツリー生成**（clock tree synthesis, **CTS**）である。

CTSでは，図9.9に示すように，フリップフロップをいくつかのグループに分け，クロック入力ピンからフリップフロップの各グループまで，バッファをつないだツリー構造（**クロックツリー**（clock tree）と呼ぶ）を作り，クロッ

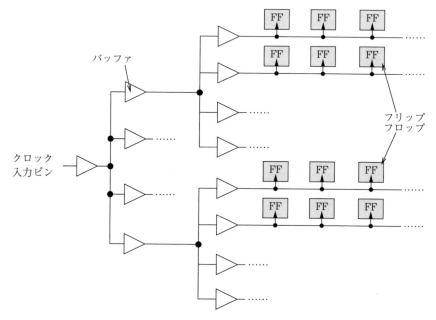

図9.9 クロックツリー

ク信号を伝搬させる。こうすることで，クロック入力ピンから末端の各フリップフロップまでの伝搬遅延を等しくする。この伝搬遅延を t_{clock_delay} とすると，どのフリップフロップでも，クロックの立上りエッジはクロック入力ピンでのクロックの立上りエッジよりもちょうど t_{clock_delay} だけ遅れて起こる。結果として，どのフリップフロップでも，クロックの立上りエッジが同時に起こることになり，理想的にはクロックスキューがゼロになる。

　現在，CTS は，自動レイアウトを行う **CAD**（computer aided design）ツールに組み込まれており，おのおののフリップフロップが置かれている位置を考慮して，クロックスキューが最小になるようクロックツリーが自動で生成される。

章 末 問 題

【9.1】 図 9.3 の回路に対して，3 入力 AND 回路（遅延時間 40 ps）も一緒に部品として使えるものとする。いま，ノード Y に現れる論理は変えないという条件で，組合せ回路部分を変更してよいとして，つぎの問題に答えよ。

（1）　組合せ回路部分の最大遅延時間は，いくつまで小さくできるか。

（2）　そのときの同期回路の最大動作周波数を求めよ。

【9.2】 現実の設計では，CTS を使ってもクロックスキューを完全に 0 にすることはできない。式（9.2）と式（9.3）にはクロックスキューが考慮されていないので，考慮した式にしたい。クロックスキューを t_{skew} として，それぞれクロックスキューを考慮した式を答えよ。

10

集積回路の設計方式と
設計フロー

　ここまでの章で，集積回路の基本となる回路の構造としくみについて学んだ。
本章では，それらを部品として使って，SoC をはじめとするディジタル集積回
路がどのような手法で設計されるのかを，順を追って見ていく。なお，FPGA
の設計方式については，12 章を参照されたい。

10.1　設　計　フ　ロ　ー

　現在，携帯電話やスマートフォンからロボットや自動車に至るまで，それぞ
れの仕様に合わせた専用チップが開発され，組み込まれている。専用チップの
実現方法である SoC の開発では，まず設計が行われ，チップ全体のレイアウ
トデータが得られたら，フォトマスクを作成し，製造の前工程と後工程を経て
チップが完成する。設計からチップ完成までのこのステップは，パソコン向け
CPU のチップも基本的に同じである。設計の最終目標は，製造で使うフォト
マスクの作成に必要な**レイアウトデータ**（layout data）を作ることである。
　SoC では，専用の機能を実現する論理回路部分（ユーザロジック）に加え，
CPU コア，メモリやアナログ回路を同一チップ上に搭載できる。ユーザロジッ
クの設計は，仕様からレイアウトまでさまざまな CAD ツールを駆使しながら
進められる。この設計の仕方は，現在のディジタル集積回路の代表的な手法な
ので，ここではそれを紹介する。**設計フロー**（design flow）を**図 10.1**に示す。
図中，実線の矢印は設計の流れを示し，点線の矢印は検証ステップとのやり取
りを示す。
　まず，**システム設計**（system design）のステップでは，機能を実現するた

10.1 設計フロー

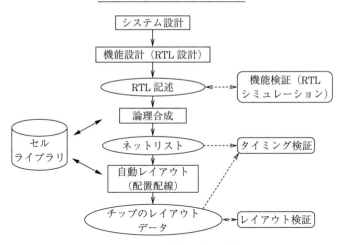

図10.1 ディジタル集積回路の設計フロー

めの方式の検討が行われる．特に SoC では，どの機能を CPU コアのソフトウェアで実現し，どの機能をハードウェアで実現するのかといった，ハードウェア／ソフトウェアの分割もここで行われる．ハードウェアの構成も検討され，どのような演算回路を使ってどのように並列処理させるのかといったことが検討される．また，ハードウェアの機能ブロック分割が行われ，どの演算回路をどこでどのように制御するのかといったことも決定される．

つぎの**機能設計**（function design）のステップは **RTL**（register transfer level）設計とも呼ばれ，おのおのの機能ブロックで実現する機能を，**ハードウェア記述言語**（hardware description language，**HDL**）を用いて詳細に記述する．作成した記述は RTL 記述と呼ばれる．できあがった RTL 記述が正しいかどうかを確かめるステップが，**機能検証**（function verification）である．検証は，**RTL シミュレーション**で行う方法が典型的である．入力データを用意し，それが機能ブロックに入力したとき所望の出力データが得られるかを，RTL シミュレータを用いてチェックする．さらに，機能ブロックどうしを接続した RTL 記述に対して同様の検証を行う．

つぎのステップが**論理合成**（logic synthesis）である．論理合成では，RTL

記述からそれを実現する論理回路が自動で生成される。生成された論理回路は、論理ゲートやフリップフロップの接続記述の形で出力される。この接続記述を**ネットリスト**（netlist）と呼ぶ。論理合成を行う際に、使用できる論理ゲートやフリップフロップの種類が与えられている必要があるため、使用できる基本部品のデータベースをあらかじめ用意しておく。このデータベースを**セルライブラリ**（cell library）と呼ぶ。セルライブラリに登録されている論理ゲートやフリップフロップは**セル**（cell）と呼ばれ、それぞれの論理機能に加え、遅延時間や面積等の情報が格納されている。論理合成の出力はネットリストであり、どのセルとどのセルがどの配線でつながっている、という情報が含まれる。

ネットリストができあがったら、チップ全体で**タイミング検証**（timing verification）を行う。論理合成で生成した個々の機能ブロックではタイミング制約を満たしていても、それらをつないだとき、チップ全体でタイミング制約が満たせているかどうかはチェックする必要がある。この検証は通常、**STA**（static timing analysis）ツールというソフトウェアを用いて行う。タイミング制約を満たせない部分が見つかったときには、条件を変えて論理合成をやり直すか、場合によっては RTL 記述まで戻って修正する。なお、遅延時間はセルとセルを結ぶ配線の抵抗や配線容量によって変わるため、より正確なタイミング検証は自動レイアウトを行った後、配線による遅延情報を加味して実行する。

自動レイアウト（automated layout generation）のステップでは、ネットリストからレイアウトデータを自動生成する。具体的には、ネットリスト中のセルを、物理的にどの位置に**配置**（place）し、どの経路で**配線**（route）するかが決定される。このため、自動レイアウトは**P&R**（place and route）とも呼ばれる。自動レイアウトは、セルライブラリを参照しながら行われるが、論理合成で使用した情報よりもさらに詳細な物理情報（例えば、セルの入出力ピンの座標や X 方向、Y 方向のサイズ等）を利用しながら、配置、配線が行われる。

レイアウトデータができあがったら，チップ全体で**レイアウト検証**（layout verification）を行う。レイアウトデータがチップ全体で種々のルールを守れていないと，正しく動作するチップが製造できないことがある。どのような項目に対して検証が行われるのかについては，10.7 節で述べる。レイアウト検証の結果，すべて問題なしと判断されたら，完成したチップ全体のレイアウトデータを，製造に向けて提出する。これを**テープアウト**（tape out）と呼び[†]，これで設計が完了となる。

なお，上の説明で出てきた RTL シミュレータ，論理合成ツール，自動レイアウトツール，レイアウト検証ツールは，集積回路の設計を支援するためのソフトウェアであり，CAD ツールと呼ばれる。

以降の節では，設計フローの説明で述べた RTL 設計，セルライブラリ，論理合成，自動レイアウト，タイミング検証，レイアウト検証について，内容をもう少し詳しく述べる。

10.2　RTL　設　計

ハードウェア記述言語と RTL シミュレータが開発される以前は，設計フローとしてはシステム設計の後，論理図（スケマティック図）を書きながら論理回路の設計を行うという手法が取られていた。ところが，チップで実現しなければならない機能が複雑になり，大規模化するに従って，論理回路のレベルよりももう少し抽象度の高いレベルで設計する手法が必要とされるようになった。できればソフトウェアのように，設計者がプログラミング言語を用いて開発でき，しかも，その動作がコンピュータ上で検証できるものが望ましい。しかし，ソフトウェア用のプログラミング言語は，そのままではクロックに同期して動作するハードウェアの記述には使えない。こういった中で登場したのが

[†]　チップ全体のレイアウトデータは，かつて，磁気テープに記録して製造部門に渡していた。磁気テープを Out する（出す）という意味だが，磁気テープを使わなくなったいまでも，言葉は生き残って使われている。

120 　　10. 集積回路の設計方式と設計フロー

ハードウェア記述言語で，現在では，**Verilog HDL** と **VHDL** という 2 種類の
ハードウェア記述言語が，おもに使われている。

　Verilog HDL は C 言語（および，Pascal）をベースに米国の企業で作られた
もので，当初，シミュレータ用の言語として開発された。のちに，Verilog
HDL で書いた記述から論理合成を行うツールが開発され，世界的に使われる
ようになった。一方，VHDL は Ada という言語をベースに米国国防総省が開
発し，RTL シミュレータ，論理合成ツールともに実用化されている。米国の
国防や通信関係の企業では VHDL を使うことが多いといわれている[1]。通常，
どちらか一方の言語を学べば十分なので，本書では馴染みの深い C 言語をベー
スにした Verilog HDL を使って，説明を行う。ちなみに，Verilog HDL は SoC
の設計でも FPGA の設計でも，どちらでも使われる。Verilog HDL を使った
RTL 記述については，13 章と 14 章で詳しく説明する。

10.3　セルライブラリ

　セルライブラリは，設計で使う論理ゲートやフリップフロップ等の基本部品
（セル）と，その特性がデータベース化されたもので，論理合成ツールや自動
レイアウトツールがこれを参照する。同じインバータセルでも，半導体プロセ
スごとに特性（例えば，入力から出力までの遅延時間やセルの面積等）が異な
るので，チップを設計する際には，そのチップを製造する半導体ベンダから提
供されたセルライブラリを用いる。例えば，A 社の 65 nm のセルライブラリ
といういい方をするが，セルライブラリによっては，さらに 65 nm GP（general
purpose）セルライブラリと 65 nm LP（low power）セルライブラリ，といっ
た形に分かれている場合がある。GP と LP の違いは，おもにトランジスタの
しきい値の値である。GP では LP より低い V_t を使って MOS トランジスタの
性能を上げ，セルを高速化している。LP は，GP より高い V_t を使ってリーク
電流（11 章参照）を小さくし低消費電力化しているが，性能は GP より低く
なる。

10.4 論 理 合 成

　論理合成では，RTL 記述を与えると，その中に記載されている論理情報を解析し，論理式に変換して論理の最適化を行う。さらに，その結果に対し，セルライブラリに登録されたセルを割り当てる処理（**テクノロジマッピング**（technology mapping））を行うことにより，最終的なネットリストが得られる。なお，論理合成は，面積を小さくすることを優先的に行うこともできるし，（面積は多少大きくなるが）遅延時間を短くすることを優先的に行うこともできる。論理合成を行う際に，クロック周期や入力信号が定まるまでの時間等の条件を与えると，9 章で述べたタイミング制約（セットアップ時間やホールド時間に関する制約）を満たす同期回路が生成される。

10.5 自動レイアウト

　自動レイアウトでは，ネットリストをもとに，セルの自動配置とセル間の自動配線を行う。SoC の自動レイアウトでは，セルとして，**図 10.2** に示すような**スタンダードセル**（standard cell）を使用する。スタンダードセルは，どのセルも同じ高さ（Y 方向のサイズ）で作られており，セルの幅（X 方向のサイズ）を変えることで面積の大きなセルから小さいセルまで作られる。スタンダードセルのもう一つの特徴は，セル内の電源（V_{DD}）線の幅（Y 方向の長さ）と位置（Y 座標）が，どのセルでも同じになっている。さらに，グランド（GND）線の幅と位置に関しても，同様にどのセルでも統一されている。セル内のレイアウトがこのように作られていることによって，セルとセルを横に接するように並べただけで，電源線とグランド線がそれぞれ自動的につながるようなしくみになっている。いま，NAND セル，インバータセル，NAND セルを，X 方向に並べた例を**図 10.3** に示す。X 方向に電源線とグランド線が，それぞれ一直線につながっていることがわかる。X 方向にセルが並んでできたセ

10. 集積回路の設計方式と設計フロー

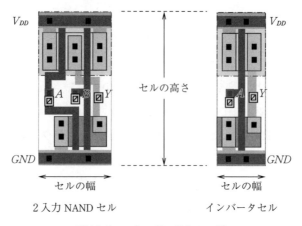

図 10.2 スタンダードセルの例

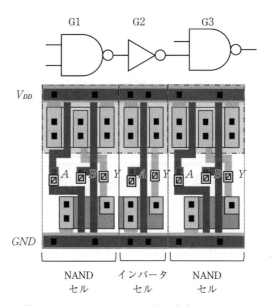

図 10.3 スタンダードセルを X 方向に並べた例

ル列を**ロウ**（row）と呼ぶ．

各セルには入力ピンと出力ピンが設けられており（図 10.2 の A, B, Y がそれに該当する），ピンとピンの間を金属配線で結ぶことにより，信号線の配線がなされる．現在の集積回路では，何層もの配線層が形成された多層配線を

使用しており，N層目と$(N+1)$層目の配線どうしは「たがいに直交する方向に」配線される．異なる信号線どうしが交差するときは，別の配線層を使ってショートしないようにする．これを行うには，信号線を一つの配線層から別の配線層につなぎかえる必要があり，異なる層の配線どうしを接続する部分を**VIA**（ビア）と呼ぶ．多層配線の技術が開発された当初は，金属配線層が2層までしか製造できなかったため，**図10.4**のような配線を行っていた．すなわち，NANDセルG1の出力Y（1層目の金属）は，VIAを介してY方向の2層目の金属配線W1とつなぐ．さらに，W1を下方向に伸ばし，セル以外の領域でVIAを介してX方向の1層目の配線W2につなぎかえる．W2をX方向に少し伸ばした後，VIAを介して2層目の金属配線W3につなぎかえる．さらに，W3を上方向に伸ばして，インバータセルG2の入力A端子とつなぐ．G2とG3の配線も同様に行う．この配線方式では，X方向の配線（1層目の金属配線）はセル以外の領域を使って引くことになっており，複数のロウからなるレ

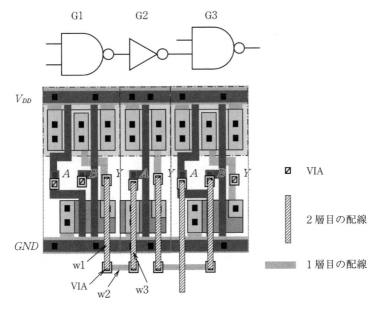

図10.4 スタンダードセル間の配線の例（配線層が2層の場合）

イアウトではロウとロウの間にこの配線専用の領域（**チャネル**（channel）と呼ぶ）が設けられた。配線の本数が増えてチャネル部分の面積が大きくなると，そのままチップ面積増大につながるのが欠点であった。

　現在では，多層配線の製造技術が進み，65 nm プロセスでは最大 9 層までの多層配線が可能なプロセスも提供されている[2]。こういった多層配線では，3 次元的にセルの真上を 3 層目以上の上層配線が通過できる。さらに，セルの上で VIA も配置でき，配線のつなぎかえも可能である。このため，チャネル部分を設けずにセルを縦横にぎっしりと敷き詰めた形で，配線ができるようになっている。

　さて，図 10.3 では，セルの配置として左から G1，G2，G3 の順に並べた。じつは別の配置も可能で，例えば左から NAND セル二つ（G1 と G3）を並べて，その右にインバータセル G2 を並べてもよい。その結果，セルのピンとピンを結ぶ信号線が交差する数や，おのおのの信号線の配線長が異なってくる。非常に数多くのセルを配置する場合には，配置がよくないと，多層配線を使ってもショートなく配線することができないこともある。また，配線の迂回が多数発生すると，配線長が長くなり，配線抵抗と配線容量が大きくなるため，セルの遅延時間が増大してしまう。こういった見地から，これまでにセルの配置に関する最適化アルゴリズムが精力的に研究開発され，実用化された。

　セルの配置が決まった後，セル間の配線を行う。具体的には，それぞれの配線に対して，どの配線層を使って，どの配線経路で結ぶかが決定される。配線に関しても，これまでに数多くの最適化アルゴリズムが研究され開発された。現在では，配置のアルゴリズムとともに自動レイアウトツールに組み込まれ，実用化されている。

　なお，プロセスの微細化が進むにつれ，配線による遅延時間の影響が無視できなくなったため，タイミング制約を付加して自動レイアウトを行う手法も実用化されている。9 章で説明したクロックスキューの最小化についても，クロック信号の配線を考慮したクロックツリー生成（CTS）が，自動レイアウトの処理の中で行われている。

10.6 タイミング検証

10.1 節で少し触れたように，チップ全体のタイミング検証は STA ツールを用いて行う。同期回路では，フリップフロップのセットアップ時間とホールド時間に関する制約を満たしていないと正しく動作しない。このため，タイミング検証では，設計した回路の最大伝搬遅延と最小伝搬遅延をそれぞれ求め，セットアップ時間とホールド時間の制約を満たしているかどうかの検証を行う。回路の規模が大きくなると，最大と最小の伝搬遅延を持つ信号経路がどの経路なのか，人手で見つけ出すことは困難なので，自動で解析してくれるSTA ツールを使用する。

製造プロセスの微細化が進むにつれ，遅延時間の解析では，**ばらつき**（variation）と呼ばれるファクタを考慮する必要がある。製造されたチップでは，チップごとに MOS トランジスタのしきい値（V_t）やゲート長（L）が若干異なり，これを**プロセスばらつき**（process variation）という。V_t や L が変わると回路の遅延時間が変わる。遅延時間に影響する要因としては，これ以外に，電源電圧の変動，温度変動がある。これら三つ（process, voltage, temperature）の要因で生ずるばらつきを **PVT ばらつき**と呼ぶ。PVT ばらつきによって，MOS トランジスタの性能が最低（Slow コーナーと呼ぶ）になる場合と，性能が最高（Fast コーナーと呼ぶ）になる場合があるが，どちらに対しても回路は正常に動作しなければならない。nMOS と pMOS でそれぞれ Slow と Fast があるので，この組合せを図示したものを**図 10.5** に示す。なお，SS, FS 等の表記の仕方としては，nMOS の Slow／Fast を先に書き，pMOS の Slow／Fast を後に書く。す

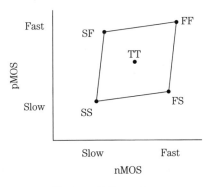

図 10.5 設計コーナー

なわち，SS は nMOS，pMOS ともに Slow であり，FS は nMOS が Fast で pMOS が Slow である。ちなみに，ばらつきなしの場合（Typical 条件と呼ぶ）は T で表す。設計としては，SS，FS，FF，SF の四つの角（コーナー）を頂点とする四角形で囲まれた領域に対して，正しく動く回路を設計しなければならない。

タイミング検証では，最大伝搬遅延に関しては SS コーナーに対してタイミング制約を満たしているかの検証を行い，最小伝搬遅延に関しては FF コーナーに対して検証を行う。半導体ベンダから提供されるセルライブラリには，TT での遅延時間の情報に加え，SS コーナーと FF コーナーに対する遅延時間の情報が一緒に提供される。

10.7　レイアウト検証

レイアウト検証では，**DRC**（design rule check）と **LVS**（layout versus schematic）と呼ばれる検証を行う。これに加えて，**密度**（density）**ルールチェック**と**アンテナルールチェック**が行われる場合が多い。まず，DRC では，レイアウトに描かれたポリシリコンや拡散層，配線等の図形が，あらかじめ定められた**デザインルール**（design rule）を満たしているかどうかをチェックする。デザインルールには，ポリシリコンの最小幅や，異なる配線間の最小間隔等が細かく定められており，このルールが守られていないと正しく製造できない。また，LVS では，レイアウトデータと回路図（トランジスタレベルでの接続情報）を比較し，等価かどうかを検証する。レイアウトで接続が間違っていたり，本来接続すべきところに配線がつながっていなかったりする場合には，ここでエラーが検出される。

また，密度ルールチェックでは，配線の密度が規定の範囲内に入っているかどうかをチェックする。これは，集積回路の製造時に配線層を **CMP**（chemical mechanical polishing）で研磨して平坦化する工程があり，配線の密度に大きなばらつきがあると，研磨により窪みができてしまうためである[3]。さらに，ア

ンテナルールチェックでは，配線の面積とそれにつながる MOS トランジスタ
のゲートの面積の比をチェックする。この比の値が規定の値よりも大きいと，
プラズマを使った配線の製造工程で，配線にたまった電荷がゲート酸化膜を破
壊する恐れがあるためである。

これら四つのルールチェックは，いずれも CAD ツールを使って行われる。

章 末 問 題

【10.1】 セルの配置に関する最適化アルゴリズムで代表的なものは，どのようなもの
があるか。調べて説明せよ。

【10.2】 セル間の配線に関する最適化アルゴリズムで代表的なものは，どのようなも
のがあるか。調べて説明せよ。

【10.3】 PVT ばらつきに対して，つぎの問題に答えよ。

（1） プロセスばらつきが原因で MOS トランジスタが Slow になるのは，V_t と L
が平均値よりも大きくなる場合か，それとも小さくなる場合か。V_t と L それ
ぞれについて答えよ。また，理由も述べよ。

（2） 電源電圧の変動が原因で MOS トランジスタが Slow になるのは，電源電圧
が高くなる方向に変動する場合か，それとも低くなる方向に変動する場合か。
答えよ。また，理由も述べよ。

（3） 温度の変動が原因で MOS トランジスタが Slow になるのは，温度が高くな
る方向に変動する場合か，それとも低くなる方向に変動する場合か。答えよ。
また，理由も述べよ。

引用・参考文献

1) N. H. E. Weste, D. M. Harris 著，宇佐美公良，池田 誠，小林和淑 監訳：CMOS
VLSI 回路設計（基礎編），丸善出版（2014）

2) L.Kong, D.Seo, E.Alon："A 50mW-TX 65mW-RX 60GHz 4-Element Phased-Array
Transceiver with Integrated Antennas in 65nm CMOS", IEEE International Solid-
State Circuits Conference（ISSCC）（2013）

3) 名倉 徹：LSI 設計常識講座，東京大学出版会（2011）

11

低消費電力設計

　集積回路が世に出てから 1990 年代初頭に至るまで，技術の注力はおもに集積度の向上や高性能化に向けられた。ところが，集積度や性能が著しく上がり続けた結果，それまであまり意識されなかった「消費電力」に技術者の目が向けられるようになった。本章では，まず消費電力が注目を浴びるようになった背景と低消費電力技術の必要性について述べる。さらに，集積回路で電力消費が起こるしくみについて説明し，代表的な低消費電力設計技術を紹介する。

11.1　集積回路の消費電力はなぜ注目を浴びるようになったのか

　集積回路の発展を支えてきたものは，素子や配線の微細化であり，それによって集積度が上がり性能が向上した。CPU のチップを例に挙げると，素子が小さくなって動作速度が上がると，クロック周波数を上げることができ性能が向上した。また，集積度が上がり，より多くの素子が使えるようになると，チップ上に複数の演算回路を搭載し並列に動作させることができるため，性能がさらに向上した。その結果，1 個の CPU チップの消費電力（正確には面積 1 cm^2 当りの消費電力）が 100 ワットを超えるようになった[1]。

　この消費電力がいかに大きいかは，つぎのような身近な例から想像できる。家庭で使う調理用ホットプレートを思い浮かべて欲しい。ホットプレートの面積 1 cm^2 の部分がどれくらいの電力を消費するかというと，調理中に平均 10 ワットである。同じ面積で CPU のチップは 10 倍以上の電力を消費し，発熱する。結果は明らかで，なんの対策もしないとチップは自分自身の出す熱で一気に高温になり，煙を出して焦げてしまう。そこまで深刻な状況に至らない場合でも，集積回路は高温になると，高速動作ができなくなったり，動作不良を引

き起こしたりする。こういった問題を防ぐため，チップを封止するパッケージ
として放熱性のよいセラミックパッケージを選び，さらにパッケージに放熱
フィンを付けて強制空冷で熱を逃がすといった対策が取られるが，いずれも機
器のコスト増につながる。本質的な解決には，集積回路自体の低消費電力技術
が必要である。

　集積回路の消費電力が大きくなると困る分野がもう一つあり，それは携帯情
報機器の分野である。携帯情報機器はバッテリーで動作するため，消費電力が
大きいとバッテリーがすぐになくなってしまう。特に，携帯電話やスマート
フォンに代表される携帯情報機器は，機能や性能が著しく向上している一方
で，バッテリーの容量の伸びがなかなかそのペースに追いつけない。その結
果，携帯情報機器で使われる集積回路では，低消費電力技術が大きなカギを握
る。

　なお，消費電力には，平均電力とピーク電力があり，平均電力はチップの発
熱や電池寿命に関係するのに対し，ピーク電力は電源線の電圧ドロップやチッ
プ内配線の信頼性（エレクトロマイグレーション）に関係する。本書では，平
均電力に焦点を当てて説明する。

11.2　集積回路で電力消費が起こるしくみ

　集積回路を構成する CMOS 回路の代表選手として，**図 11.1** に示す CMOS イ
ンバータ回路を考える。入力が 1 から 0 に変化すると，pMOS がオンし nMOS
がオフするため，pMOS を通って電源から出力の負荷容量に充電電流が流れ，
負荷容量を充電して出力が 0 から 1 になる。このとき，オン状態の pMOS に
はオン抵抗（すなわち，抵抗成分）があり，抵抗の中を電流が流れるので，
pMOS でジュール熱が発生して電力消費が起こる。一方，入力が 0 から 1 に変
化すると，nMOS がオンし pMOS がオフするため，出力の負荷容量に溜まって
いる電荷が nMOS を通ってグランドに流れ，出力が 1 から 0 になる。このと
き，放電電流は，抵抗成分のある nMOS の中を通って流れるので，nMOS で

11. 低消費電力設計

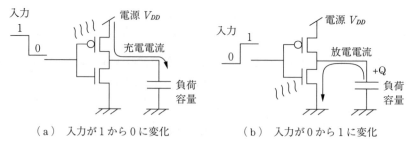

（a）入力が1から0に変化　　　（b）入力が0から1に変化

図 11.1　CMOS インバータで電力消費が起こるしくみ

ジュール熱が発生して電力消費が起こる。

このように，CMOS 回路では，スイッチングするときに充電電流と放電電流によって電力を消費する。この消費電力のことを**ダイナミック電力**（dynamic power）と呼ぶ。ダイナミック電力の大きさを表す式を，式 (11.1) に示す。

$$P_{dynamic} = CV^2 f\alpha \tag{11.1}$$

ここで，C は負荷容量，V は電源電圧，f は動作周波数，α は**スイッチング確率**（switching activity）である。ダイナミック電力にはこれら四つの物理量が関係するが，電源電圧だけ2乗になっていることに注意しよう。なぜ電源電圧だけ2乗になるのかについては，この式の導出過程を見る必要がある。これについては，まめ知識に記したので，興味のある読者は参照されたい。

======= ま　め　知　識 =======

ダイナミック電力の式は，充電時と放電時に消費される「エネルギー」の式から得られる。図 11.2 を参照しながら説明する。ここでは，入力が 0 → 1 → 0

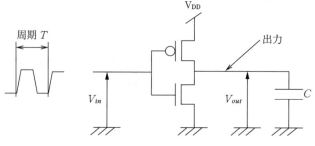

図 11.2　インバータ回路と電圧

11.2 集積回路で電力消費が起こるしくみ 131

と変化した場合にインバータ回路で消費されるダイナミック電力を求める。ま
ず，入力が 0 の状態（初期状態）では，pMOS がオンしているので，出力の負
荷容量はフルに充電されている。この状態から入力が 0 から 1 に変化すると，
nMOS を通して放電電流が流れる。このとき，nMOS で消費されるエネルギー
は，「nMOS を流れる放電電流」と「nMOS の両端の電圧」の積（つまり，電力）
を，時間で積分することによって求められる。出力の電圧を V_{out} とし（V_{out} は
時間とともに変化），電流は電荷 $Q(=C \cdot V_{out})$ の時間微分 $C(dV_{out}/dt)$ である
ことを考慮すると，出力が 1 から 0 にスイッチングするときに nMOS で消費さ
れるエネルギー $E_{1 \to 0}$ は，つぎのように表すことができる。

$$E_{1 \to 0} = \int_0^{T/2} V_{out} \left(-C \frac{dV_{out}}{dt} \right) dt \tag{11.2}$$

なお，$C\dfrac{dV_{out}}{dt}$ にマイナスの符号が付いているのは，負荷容量から流れ出す方
向（溜まった電荷が減る方向）の電流であるためである。また，放電動作と充
電動作からなる 1 サイクル（周期 T）の前半に放電動作が行われるとして，時
刻 0 から $T/2$ までの時間に対して積分している。

つぎに，入力が 1 から 0 に変化すると，pMOS を通して充電電流が流れる。
pMOS で消費されるエネルギーは，「pMOS を流れる充電電流」と「pMOS の両
端の電圧」の積を，時間で積分することによって求められる。pMOS の両端の
電圧は $V_{DD} - V_{out}$ であるので，出力が 0 から 1 にスイッチングするとき pMOS
で消費されるエネルギー $E_{0 \to 1}$ は，つぎのように表せる。

$$E_{0 \to 1} = \int_{T/2}^T (V_{DD} - V_{out}) \left(C \frac{dV_{out}}{dt} \right) dt \tag{11.3}$$

なお，充電動作が時刻 $T/2$ から T の間に行われるとして，その時間に対して
積分を行っている。放電動作と充電動作からなる 1 サイクルに消費されるエネ
ルギーは，$E_{1 \to 0}$ と $E_{0 \to 1}$ の和であり，それを 1 サイクルの時間 T で割ると平均
電力 P になる。式 (11.2) と式 (11.3) の積分を実行して整理すると，式 (11.4)
が得られる。

$$P = \frac{1}{T}(E_{1 \to 0} + E_{0 \to 1}) = \frac{1}{T} \left(\frac{1}{2} C V_{DD}{}^2 + \frac{1}{2} C V_{DD}{}^2 \right) = f C V_{DD}{}^2 \tag{11.4}$$

さて，式 (11.1) の中に含まれるスイッチング確率 α とは何だろうか。まめ
知識のところで述べた最後の式 (11.4) によれば，CMOS 回路が充電動作と放
電動作からなる 1 サイクルを，毎サイクル繰り返してスイッチングする場合の

ダイナミック電力は fCV^2 となる（V は電源電圧）。ここにはスイッチング確率 α は登場していないが，この式との違いも含めつぎに説明する。

集積回路がクロック信号に同期して動作する場合，クロックの1周期の間に $0 \rightarrow 1$ と $1 \rightarrow 0$ の両方の変化が起きるのは，クロック信号である。通常のデータ信号は，クロックの1周期の間に $0 \rightarrow 1$ の変化か $1 \rightarrow 0$ の変化のどちらかが，高々1回起こるだけである。式 (11.1) の動作周波数 f を「クロック周波数」と同じものと定義すると，クロックの1周期の間に $0 \rightarrow 1$ と $1 \rightarrow 0$ の両方の変化が起きるクロック信号（とそれを伝搬するクロックバッファ）では，ダイナミック電力は，まめ知識の式 (11.4) で記した fCV^2 となる。式 (11.1) と照らし合わせると，クロック信号ではスイッチング確率 $\alpha = 1$ である。一方，クロック1周期の間に $0 \rightarrow 1$ か $1 \rightarrow 0$ のどちらかの遷移しかない通常のデータ信号では，最高で $\alpha = 0.5$ である。すなわち，毎サイクル遷移を起こすデータ信号でも $\alpha = 0.5$ である。実際には，すべてのデータ信号が毎サイクル遷移を起こすことはあまりなく，α は 0.5 より小さい。

スイッチング確率 α は，論理回路の種類によって異なるという性質を持っている。これについて見てみよう。そもそも，スイッチング確率はどのようにして求めたらよいのだろうか。出力にスイッチングが起こるのは，出力信号に関し，「前の状態が0で，かつ，つぎの状態が1の場合」，または，「前の状態が1で，かつ，つぎの状態が0の場合」のどちらかである。いま，出力信号が0である状態の確率（状態確率）を P_0 とし，1である状態確率を P_1 とする。出力が0から1に遷移する確率 $p_{0 \rightarrow 1}$ は，出力の前の状態が0で，かつ，つぎの状態が1である確率なので

$$p_{0 \rightarrow 1} = P_0 \times P_1 \tag{11.5}$$

で表される。一方，出力が1から0に遷移する確率 $p_{1 \rightarrow 0}$ は，前の状態が1で，かつ，つぎの状態が0である確率なので

$$p_{1 \rightarrow 0} = P_1 \times P_0 \tag{11.6}$$

で表される。式 (11.5) と式 (11.6) の右辺を見ると，乗算の順序は違うが積の値は同じなので，結局，$p_{0 \rightarrow 1}$ と $p_{1 \rightarrow 0}$ は同じ値になる。このことから，出力

が0から1に遷移する確率 $p_{0\to1}$ をスイッチング確率 α と定義する。さらに，出力の状態としては0と1しかないので，出力が0である確率 P_0 は $(1-P_1)$ と同じである。これらをまとめると，式 (11.5) から

$$\alpha = p_{0\to1} = (1-P_1) \times P_1 \tag{11.7}$$

となる。このように，スイッチング確率 α は，出力が1になる確率 P_1 がわかれば計算できる。

例として，インバータ回路を考えよう。いま，入力信号として，0と1が均一に分布しているランダムなデータを考える。出力が1である確率 P_1 は，入力が0である確率と同じで0.5であるので，式 (11.7) からスイッチング確率は

$$\alpha = (1-P_1) \times P_1 = (1-0.5) \times 0.5 = 0.25 \tag{11.8}$$

となる。

今度は，2入力NOR回路でスイッチング確率がどうなるかを考えてみよう。インバータのときと同様，入力信号として0と1が均一に分布しているとすると，出力が1になる確率 P_1 は，「入力Aが0でかつ入力Bが0」である確率，すなわち $(1/2) \times (1/2) = 1/4$ である。式 (11.7) からスイッチング確率を計算すると

$$\alpha = (1-P_1) \times P_1 = (1-(1/4)) \times (1/4) = 3/16 \approx 0.19 \tag{11.9}$$

となる。このように，インバータよりもNOR回路のほうがスイッチング確率が小さい。3入力NORや4入力NORというように，入力数が増えるとさらにスイッチング確率は小さくなる（章末問題参照）。経験的には，こういった論理回路のスイッチング確率は0.1くらいの値となる[2]。

11.3　代表的な低消費電力設計技術

本節では，現在，CPUやSoCで用いられている代表的な低消費電力設計技術を二つ紹介する。一つは，クロックゲーティングと呼ばれる技術で，ダイナミック電力を低減する技術である。もう一つは，パワーゲーティングという技術で，リーク電力を低減する技術である。それぞれについて基本的なしくみを

134   11. 低 消 費 電 力 設 計

説明する。

11.3.1　クロックゲーティング

　前節で述べたように，ダイナミック電力は $CV^2f\alpha$ で表され，その式中のスイッチング確率 α は通常の論理回路では 0.1 くらいの値を取るのに対し，クロック信号では 1.0 となる。結果として，集積回路の中でも，クロック信号を伝搬するための回路や，クロック信号を受けて動作するフリップフロップ内部の回路では，通常の論理回路に比べ，消費するダイナミック電力が大きい。クロックに絡む回路のダイナミック電力を小さくできれば，低消費電力化の効果が大きい。このニーズから生まれた技術が，**クロックゲーティング**（clock gating）である。

　クロック信号は毎サイクル 1，0 の遷移を行うものと考えられてきたが，このスイッチングは本当に毎サイクル必要なのだろうか。ここに着目してクロックゲーティングは開発された。いま，つぎのような仕様の 3 ビットレジスタとその制御回路について，実現する方法を考える。

　仕様：D フリップフロップ 3 個からなるレジスタに関し，フリップフロップに格納されたデータを更新するか否かを，イネーブル信号 EN によって以下のように制御する。すなわち，EN が 1 のとき 3 個のフリップフロップはそれぞれ data [0]，data [1]，data [2] の値を取り込んで更新する。一方，EN が 0 のときには，どのフリップフロップも値を保持する。

　この仕様を実現するための回路構成例を，**図 11.3** に示す。この構成では，フリップフロップのデータを更新するか否かを制御するために，制御回路とマルチプレクサ（選択回路）を使う。イネーブル信号 EN は制御回路で生成され，マルチプレクサの制御入力に接続されている。これによって，$EN=1$ のとき data [0] 〜 data [2] の値がマルチプレクサから出力される。一方，$EN=0$ のときはフリップフロップの Q 出力（すなわち，現在の記憶値）の値がマルチプレクサから出力される。マルチプレクサの出力はそれぞれフリップフ

11.3 代表的な低消費電力設計技術

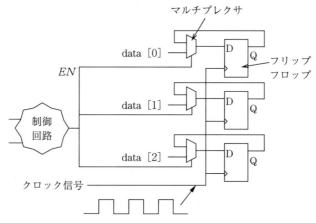

図11.3 3ビットレジスタと制御回路の構成例

ロップのD入力に伝わり，クロック信号の立上りエッジでフリップフロップに格納される。

図11.3は確かに仕様を満たす構成であるが，この構成では無駄なダイナミック電力を消費してしまう．$EN=1$ のときは，フリップフロップに新しいデータを取り込むのでクロック信号の立上りエッジが必要だが，$EN=0$ のときはフリップフロップの値を保持しなければならないので，クロック信号の立上りエッジは必要ない．つまり，$EN=0$ のとき，クロック信号は無駄にスイッチングしている．

「$EN=0$ のときだけクロック信号のスイッチングを止める」という方法はないのだろうか．その方法が，**図11.4** に示すクロックゲーティングである．ク

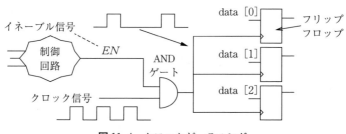

図11.4 クロックゲーティング

ロック信号とイネーブル信号 EN の AND を取り，フリップフロップにクロック信号として供給する。こうすることで，$EN=1$ のときはもとのクロック信号のスイッチングがフリップフロップに伝わり，クロックの立上りエッジで data [0] ～ data [2] の値がフリップフロップに取り込まれる。一方，$EN=0$ のときは，AND ゲートの出力は 0 で固定される。フリップフロップのクロック入力端子ではクロックの立上りエッジが来ないため，データは更新されず保持される。この方法のメリットは，$EN=0$ のとき AND ゲートの出力信号（すなわち，フリップフロップへのクロック信号）のスイッチングが停止する点であり，これによって無駄なダイナミック電力の消費が抑えられる。クロック信号に門（ゲート）を設け，通過と遮断を制御することから，クロックゲーティングという名前で呼ばれている。EN が 0 になる確率が高ければ高いほど，AND ゲートの出力信号（フリップフロップへのクロック信号）のスイッチング確率が低くなる。その結果，AND ゲートのダイナミック電力だけでなく，フリップフロップのダイナミック電力が減る†。

クロックゲーティングは，いまやダイナミック電力を低減する技術の筆頭に数えられるようになった。携帯情報機器向け SoC ではもちろんのこと，デスクトップやサーバー向けのハイエンド CPU においても，クロックゲーティングが多用されている。

11.3.2 パワーゲーティング

集積回路の消費電力として，ダイナミック電力以外に注意しておかねばならない消費電力がある。それは**リーク電力**（leakage power）である。**パワーゲーティング**（power gating）は，リーク電力に対する代表的な低減化技術であるが，まず，リーク電力の基本的な事項について述べた後，パワーゲーティングのしくみを説明する。

---

† 8.2 節で述べたように，フリップフロップ内部ではクロックとその反転を作っている回路があり，クロック信号とともにスイッチングする。クロックのスイッチングが停止すれば，フリップフロップ内部のこの部分のダイナミック電力が減る。

11.3 代表的な低消費電力設計技術

リーク電力は，回路がスイッチングしていない状態でも消費する電力で，電源からMOSトランジスタを通じてグランドに流れる**もれ電流**（すなわち，**リーク電流**（leakage current））によって生じる。**図11.5**にnMOSトランジスタの断面図とおもなリーク電流を示す。

おもなリーク電流として，**サブスレショルドリーク電流**（subthreshold leakage current）と，**ゲートリーク電流**（gate leakage current）がある。サブスレショルドリーク電流（I_{SUB}）は，nMOSトランジスタがオフしているときに，ドレインからソースに向かって流れるリーク電流である。一方，ゲートリーク電流（I_{GATE}）は，ゲートに正電圧が印加されると，絶縁体である極薄のゲート酸化膜を通して，量子効果（具体的には，トンネル効果）によってゲートから基板に流れる[†]。以上はnMOSでの例であるが，pMOSでも同様にサブスレショルドリーク電流とゲートリーク電流が流れる。リーク電力は，1990年代まではダイナミック電力に比べてけた違いに小さく，ほとんど問題になることはなかった。ところが，MOSトランジスタの微細化とともに，ソース–ドレイン間の距離が縮まり，ゲート酸化膜の厚さが薄くなることで，リーク電力は指数関数的な増大を続けた。その結果，180 nmプロセス以降の世代で，リーク電力の低減化対策が集積回路の設計に積極的に取り込まれるようになった。ゲートリーク電力の低減化には，おもにゲート酸化膜の素材を工夫するという対策が取られる。一方，サブスレショルドリーク電力の低減化では，パワーゲーティングをはじめとする回路的な手法が適用される。

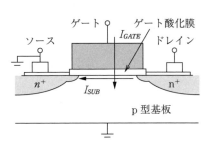

図11.5 nMOSトランジスタの断面図とリーク電流

ではつぎに，パワーゲーティングのしくみについて説明する。パワーゲーティングの回路構成を**図11.6**に示す。パワーゲーティングでは，低いトラン

[†] 65 nmプロセスでは，ゲート酸化膜の厚さは1 nm程度であり，わずか原子層4層分の厚みである[2]。

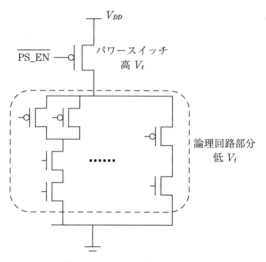

図11.6　パワーゲーティング

ジスタしきい値（低 V_t）を使って論理回路部分を構成し，電源と論理回路部分の間に，直列に，パワースイッチと呼ばれる高しきい値（高 V_t）の pMOS トランジスタを接続する．サブスレショルドリーク電流の大きさ I_{SUB} と V_t との間には式 (11.10) の関係がある[3]．

$$I_{SUB} = I_0 \cdot 10^{-\frac{V_t}{S}} \quad (11.10)$$

ここで，I_0 は MOS トランジスタのサイズ等に依存した定数，S はサブスレショルド特性のよさを表すサブスレショルドスロープの値である．一方，MOS トランジスタの遅延時間 T_D と V_t の関係は式 (11.11) で表される．

$$T_D \propto \frac{CV_{DD}^2}{\mu C_{OX} \frac{W}{L}(V_{DD}-V_t)^\alpha} \quad (11.11)$$

ここで，α は5章で説明した速度飽和係数と呼ばれるファクタであり，65 nm プロセスでは1.3くらいの値を取る．同じ α でもスイッチング確率のことではないので注意が必要である．

　両方の式から，V_t に関係して，サブスレショルドリーク電流の大きさと遅延時間の大きさにはトレードオフがあることがわかる．すなわち，V_t を高く

11.3 代表的な低消費電力設計技術

するとサブスレッショルドリーク電流が指数関数的に減るが，遅延時間が大きくなり動作速度が遅くなる。一方，V_t を低くするとサブスレッショルドリーク電流が増えるが，MOS トランジスタの動作速度が速くなる。この性質を利用してパワーゲーティングは構成されている。

パワーゲーティングの動作は以下のとおりである。アクティブ時には，パワースイッチをオンして論理回路を動作させるが，論理回路に低 V_t を使っており，しかもパワースイッチにはゲート幅（W）の大きなトランジスタを使うので，高速な論理回路動作ができる。一方，スリープ時には，パワースイッチをオフするが，パワースイッチに高 V_t を使っているため，サブスレッショルドリーク電流を大幅に抑えられる。パワースイッチをオフすることで，電源と論理回路部分が電気的に遮断されるので，電源からグランドへ流れるサブスレショルドリーク電流がカットされるというしくみになっている。電源（英語では power という）にゲートを設け，電流の通過と遮断を制御することから，パワーゲーティングという名前で呼ばれている。

ちなみに，パワースイッチは pMOS を使わずに nMOS を使うことも可能である。nMOS のパワースイッチを使う場合には，論理回路部分とグランドの間に直列に挿入する。pMOS パワースイッチの場合を**ヘッダ方式**，nMOS パワースイッチの場合を**フッタ方式**と呼ぶが，180 nm から 90 nm プロセスくらいまではフッタ方式が主流であった。pMOS よりも移動度の大きい nMOS を使うほうが動作速度の点で有利と考えられたためである。ところが，45 nm 以降のプロセスでは，ヘッダ方式が主流になっている。パワースイッチ自身のゲートリークが問題となり，nMOS に比べ pMOS のゲートリークが小さいことがヘッダ方式の大きな採用理由になった[4]。

パワーゲーティングは，まず携帯情報機器向けの SoC で適用が進み，パソコン向け CPU であるインテル社のマルチコア CPU（Core-i7）で適用されると一気に注目が集まった。このマルチコア CPU では，コアごとにパワーゲーティングを適用し，リーク電力を 1/100 に低減できたと報告されている[5]。

140   11. 低 消 費 電 力 設 計

章　末　問　題

【11.1】CMOS 回路の入力として，0と1が均一に分布しているランダムなデータが
与えられた場合を想定し，つぎの問題に答えよ。
（1）　3入力 NAND 回路のスイッチング確率はいくつになるか。計算せよ。
（2）　N 入力 NAND 回路のスイッチング確率を N で表せ。また，入力数 N を 2，
3，4，… と増やしていくと，スイッチング確率はどのように変化するか。N と
スイッチング確率の関係をプロットせよ。

【11.2】2入力の AND ゲートだけを使って，A，B，C，D の論理積を計算する回路
を実現したい。この方式として，つぎの二つの構成を考えた。構成1は，A と B
の AND を取った結果に C を AND し，さらにその結果に D を AND する構成で，3
段の AND ゲートからなる。一方，構成2は，A と B の AND を取るのと並行して
C と D の AND を取り，両者の出力を AND する構成である。入力 A，B，C，D に
はいずれも論理値 "0" と "1" が均一に分布していると仮定し，スイッチング確
率が1である場合の AND ゲート1個の消費電力を1としたとき，構成1と構成2
の回路全体の消費電力をそれぞれ求めよ。ただし，消費電力はスイッチング時に
消費する電力だけを考えるものとする。

引用・参考文献

1）D. A. Patterson，J. L. Hennessy 著，成田光彰 訳：コンピュータの構成と設計
（第5版），日経 BP 社（1996）
2）N. H. E. Weste，D. M. Harris 著，宇佐美公良，池田 誠，小林和淑 監訳：CMOS
VLSI 回路設計（基礎編），丸善出版（2014）
3）宇佐美公良："超低電圧 LSI の設計技術"，電子情報通信学会 Fundamentals
Review，Vol.10，No.3，pp.195-205（2016）
4）宇佐美公良："ゲーティング技術の最新動向"，電子情報通信学会 VLD 研究会
VLD2011-4，信学技報，Vol.111，No.40，pp.19-24（2011）
5）R. Kumar and G. Hinton："A family of 45nm IA processors," Digest of Technical
Papers, IEEE International Solid-State Circuits Conference（ISSCC），pp.58-59
（2009）

12
FPGA とそのしくみ

　FPGA と呼ばれるチップは，ユーザが使う段階で，チップ内部の論理や接続
を何回でも自由に変えることができる。この夢のような特長のおかげで，FPGA
の使われる場面が著しく増えている。本章では，FPGA はいったいどんなしく
みで内部の論理や接続を変えることができるのかについて説明した後，FPGA
の基本的な設計手順について紹介する。

12.1　FPGA　と　は

　世の中で使われている集積回路の多くは，いったん製造されたら，その後そ
れを使う段階で内部の論理を変えたり，内部の回路の接続を変えたりすること
は通常できない。CPU やメモリ，SoC などのチップは，すべてこの仲間であ
る。これに対し，チップを使う段階で，内部の回路の論理や接続を何回でも変
えることのできるものがある。それが，**FPGA**（field programmable gate
array）である。

　FPGA は，もともと **PLD**（programmable logic device）の一種として登場し
たが，ムーアの法則に従った集積度の向上により，FPGA で実現できる論理規
模が大きくなるにつれ，専用チップを実現する手段としても注目されてきてい
る。システムを開発する際に，そのシステム固有の機能を実現する，あるいは
性能向上を図るという目的で，専用チップ（SoC）を開発する場合がある。
SoC は一から設計する場合も多く，開発に時間がかかることが大きなネックと
なっていた。SoC の開発の流れを**図 12.1** に示す。特に時間がかかるのは，設
計したチップを製造し，システムに組み込んでテストしたときに設計ミス（バ

グ）が見つかるケースである。その場合，設計を修正して，製造し直さなければならない。製造には通常，何か月も要するため，修正したチップができあがるまでに，他社が競合製品を出してしまうかもしれず，そうするとその製品の市場競争力そのものが失われる可能性がある。システムに組み込んでテストし，バグが見つかったらその場で設計を修正して再度テストする，といった繰り返しが短時間でできるようになれば理想的である。これを可能にしたのがFPGAである。FPGAの初めの2文字FP（field programmable）は，設計の現場（field）でプログラムが可能な（programmable），という意味である。

　FPGAを使った開発の流れを，**図12.2**に示す。FPGA内部の論理や接続（配線）を設定することを**コンフィグレーション**（configuration）と呼ぶ。FPGAを使った開発は通常パソコンを使って行うが，パソコン上で設計を行った後，FPGA内部の論理や接続に関するデータをパソコンからFPGAに転送して，コンフィグレーションを行う。

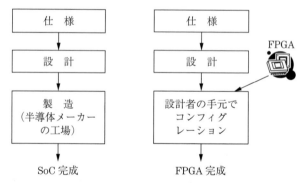

図12.1 SoCの開発の流れ　　**図12.2** FPGAを使った開発の流れ

　このように夢のような機能を持ったFPGAであるが，SoCに比べ，① 価格，② 最高動作速度（最大動作周波数），③ 消費電力，のうえでの短所は知っておく必要がある。まず価格であるが，専用チップを大量に作る場合には，SoCに比べFPGAはコスト高となる。これは，大量生産する場合，SoCではチップ当りのコストが下がるためである。最大動作周波数と消費電力[1]に関しては，

12.2 FPGA の内部構造としくみ　143

FPGA は内部の論理や接続を自由に変えられる構造を持っているがゆえに，同じ論理回路を実現するならどうしても不利になる。

　以上のような短所があるものの FPGA の導入は着実に進んでおり，専用チップの開発は FPGA を使って行い，バグがほぼなくなってきた時点，あるいは大量生産に切り替える時点で，同じ RTL の設計データを使って SoC で実現する方法も採られる。専用チップを組み込んで出荷するシステムの個数が少量の場合は，SoC よりも FPGA のほうがコストが安くなるので，FPGA をそのまま組み込んで出荷する場合もある。さらに，専用チップを使った新しいシステムを開発する際には，チップの出荷後に軽微な仕様変更が入ることがあるが，FPGA は出荷後でもすぐに対応できるため，この理由でそのまま FPGA を使うシステムもある。また，演算性能を上げるために，仕様に合わせて FPGA 内で多数の演算回路を使って並列処理させる構造も実現できるため，処理性能を上げる目的で FPGA が使われる場合もある。

　マイクロソフト社は，Web サーチを高速化するため，FPGA を使ったアクセラレータ「カタパルト」を開発し，クラウドサーバーに搭載した[2]。人工知能を利用したアプリケーションの処理高速化も，視野に入れているという。FPGA を使った最大の理由は，チップ内部のハードウェアが再構成可能という特長にある。人工知能を利用したアプリケーションは，画像検索，自然言語処理，翻訳，レコメンデーションエンジンなど多種多様で，それらの性能要求もさまざまである。FPGA なら，クラウド上の計算負荷の変化に応じて，内部のハードウェア構成を変更することも可能である。また，新しいアルゴリズムが開発されたときに，ハードウェアをすぐにアップデートできる点も大きなメリットである。こういったハードウェアの柔軟性が，FPGA を採用する決め手になったといわれている。

12.2　FPGA の内部構造としくみ

　さて，このような特徴を持った FPGA は，いったいどのような構造をし，

どのようなしくみで内部の論理や接続が変えられるようになっているのだろうか。まず，FPGA の内部構造について見ていこう（図 12.3）。FPGA は，「プログラマブル・ロジックブロック」という部分と，「プログラマブル・インターコネクト」という部分，さらに I/O セルからなる入出力部分から構成される。プログラマブル・ロジックブロックは論理回路を実現する部分，プログラマブル・インターコネクトはプログラマブル・ロジックブロック間の接続を行う部分である。どちらも中身は，多数のスイッチ，および各スイッチをオンさせるかオフさせるかを覚えておく記憶回路（SRAM セル）からなっている[3]。入出力部分は，FPGA チップの内部と外部の信号をインターフェースする部分である。

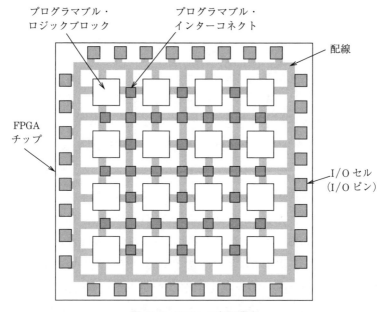

図 12.3　FPGA の内部構造

まず，プログラマブル・ロジックブロックの中身を見てみよう。主要部分は**ルックアップテーブル**（look-up table，**LUT**）と呼ぶ回路である[4]。図 12.4 は 3 入力 LUT の例であるが，縦方向の上から入力信号 a, b, c が入り，横方向の右へ出力信号 y が出力されている。LUT の内部には，1 ビットずつデータを

12.2 FPGA の内部構造としくみ

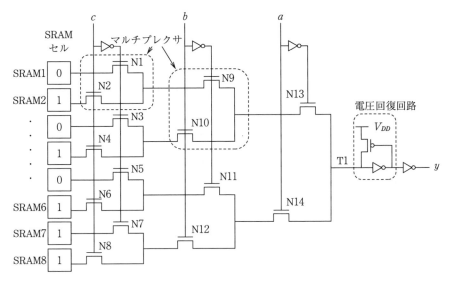

図 12.4 3入力 LUT の内部構造

記憶できる SRAM セルが8個置かれており，それぞれの SRAM セルの出力が，トーナメント表のような木構造の接続をした nMOS トランジスタ（N1～N14）につながっている。各 nMOS トランジスタのゲートには，縦方向の信号 a, b, c またはそれらの反転信号が入力している[†]。

　この LUT の動作について見てみよう。例として，図のように一番上の SRAM セルから順に 0, 1, 0, 1, 0, 1, 1, 1 というデータが記憶されているとしよう。入力信号 c, b, a がすべて 0 のとき，その反転信号がゲートに入る nMOS トランジスタ N1, N9, N13 がオンするため，一番上の SRAM セル（SRAM1）に記憶されたデータ 0 が y に出力される。なお，T1 と y の間にある電圧回復回路については，後述のまめ知識で解説する。論理値としては，T1 の値が y に出力される。つぎに，入力信号 c が 1 で，b と a が 0 のときには，N2, N9, N13 がオンするため，上から二番目の SRAM セル（SRAM2）に記憶

[†] nMOS トランジスタは二つずつペアでマルチプレクサ（選択回路）として機能する。例えば，N1 と N2 は，c の値によってどちらか一方がオンするため，SRAM1 または SRAM2 のどちらかの値を選択して N9 側に出力する。

されたデータ1がyに出力される。入力信号a, b, cの取り得るパターンは$2^3=8$通りであるが，それぞれのパターン一つひとつに対して，8個のSRAM
セルのどれか一つのデータがyに出力される。これを表にまとめたものを**表12.1**に示す。

表12.1 入力a, b, cに対する出力yの値

a	b	c	y
0	0	0	0
0	0	1	1
0	1	0	0
0	1	1	1
1	0	0	0
1	0	1	1
1	1	0	1
1	1	1	1

表12.1を，入力a, b, cと出力yの関係と見ると，この表は真理値表そのものである。この真理値表から，yをa, b, cの論理関数で表すと

$$y=\overline{a}\cdot\overline{b}\cdot c+\overline{a}\cdot b\cdot c+a\cdot b+a\cdot\overline{b}\cdot c$$
$$=a\cdot b+c \tag{12.1}$$

となる。つまり，図12.4のLUTは，$a\cdot b+c$という論理を実現する「論理回路」になっている。

今度は，8個のSRAMセルの上から順に1, 0, 0, 0, 0, 0, 0, 0というデータが記憶されているとしよう。このとき，入力c, b, aのすべてが0の場合yは1となり，入力がそれ以外の値ではyは0となる。この場合LUTで実現される論理関数は

$$y=\overline{a}\cdot\overline{b}\cdot\overline{c} \tag{12.2}$$

となる。このように，SRAMセルに記憶させておくデータを変えるだけで，LUTで実現する論理を自由に変えることができる。3.1節で学んだNAND回路やNOR回路の構造は，SoCやCPUのように，製造されたら内部の論理は変えない集積回路に適している。これに対し，FPGAでは製造後に何回でも自由に論理を変えられるようにするため，LUTで論理を実現するという，まったく異なる発想がなされている。

図12.4は3入力LUTの例であるが，LUTを4入力にすることにより，入力a, b, c, dからなる組合せ論理回路がLUTで実現できるようになる。LUTの出力は，他のLUTに接続し多段のLUTとしてさらに複雑な論理を実現する場合もあれば，クロックに同期してフロップフロップに値を記憶させたい場合もある。このため，**図12.5**に示すように，LUTとフリップフロップ，および

12.2 FPGA の内部構造としくみ

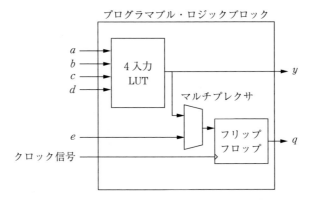

図 12.5 プログラマブル・ロジックブロックの構造

マルチプレクサで一つの「プログラマブル・ロジックブロック」を構成し，これを基本単位として回路全体を作り上げていく．

=========まめ知識=========

　LUT 回路（図 12.4）内の，木構造の接続をした nMOS トランジスタは，7 章で説明したパストランジスタであり，1 というデータを左から右に伝える際に大きな問題がある．一つのパストランジスタでそれがオンしたとき，左側の電圧が電源電圧 V_{DD} でも，右側の電圧は $V_{DD} - V_{tn}$（V_{tn} は nMOS トランジスタのしきい値）までしか上がらないためである．図 12.4 の SRAM セル（SRAM1，SRAM2）から出力 y までの経路のみ抽出したものを図 12.6 に示す．SRAM2 のデータが 1 のとき，N2，N9，N13 がオンしても，ノード T1 の電圧は V_{DD} まで上がらないことになる．この電圧をそのまま LUT から出力してしまうと，それ

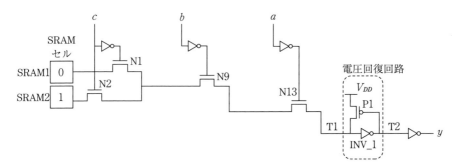

図 12.6 LUT 内部の nMOS（パストランジスタ）と電圧回復回路

を受け取る他の回路で問題を生ずるため，電圧 V_{DD} に引き上げて出力する必要がある。7章で述べたような，nMOS と pMOS からなる伝送ゲートをパストランジスタの代わりに使えばこの問題は生じない。しかし，多数のパストランジスタで構成される LUT に適用すると，面積的なペナルティが大きい。そこで，パストランジスタを使いつつ，図のような**電圧回復回路**（level restorer）をノード T1 に挿入する方法が採られる[4),5)]。T1 の電圧が V_{DD} よりやや低くても，インバータ INV_1 で反転された電圧（0 V よりわずかに高い）が pMOS（P1）のゲートに入ると，P1 がオンするため，T1 を V_{DD} に引き上げる。結果として，T2 は 0 V まで下がり，y には電圧 V_{DD} が出力される。

この電圧回復回路は構造もシンプルで手軽な回路に見えるが，じつはそうではない。インバータの出力 T2 を，pMOS を介して入力 T1 にフィードバックする回路になっており，構造的にはラッチ（ハーフラッチ）である[6)]。したがって，T1 の電圧が V_{DD} で安定している状態で，例えば，N1, N9, N13 をオンさせて SRAM セル（SRAM1）のデータ 0 を T1 に出す場合，ハーフラッチの安定状態に勝って，T1 を 0 V まで引き下げなければならない。pMOS と nMOS 製造時のしきい値のばらつきが生じた場合でも正しく動作させるために，P1 のゲート幅 W に加え，パストランジスタの nMOS の W を注意深く決める必要がある。

プログラマブル・ロジックブロック間を接続するのがプログラマブル・インターコネクトである。構造を**図 12.7** に示す。プログラマブル・ロジックブロックどうしは，水平方向と垂直方向の配線で接続される。水平方向と垂直方向の配線の交点には 6 個のプログラマブルスイッチが置かれており，例えばプログラマブルスイッチ A をオンさせておくと上方向への配線と左方向への配線がつながることになる。逆に，A をオフさせておくと，上方向と左方向の配線はつながらない。プログラマブルスイッチは，nMOS トランジスタと SRAM

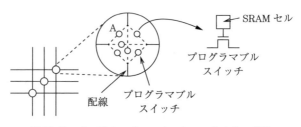

図 12.7 プログラマブル・インターコネクトの構造

12.2 FPGAの内部構造としくみ

セルからなっており，SRAMセルに1を記憶させておくことによりプログラマブルスイッチがオンする。

このように，SRAMセルの値によって，LUTで実現する論理が決まり，さらにプログラマブル・ロジックブロック間の接続が決まる。FPGA内のおのおのSRAMセルに0または1のデータを設定する操作が，コンフィグレーションのステップで行われる。代表的な方式として，JTAGインターフェースを使ったコンフィグレーションがある。この方式では，FPGAの内部でおのおののSRAMセルが数珠つなぎのようにつながれている（**図12.8**）。チップのI/Oピンから1ビットずつシリアルにコンフィグレーションデータを送り込んでいくことにより，SRAMセルにデータが設定される。

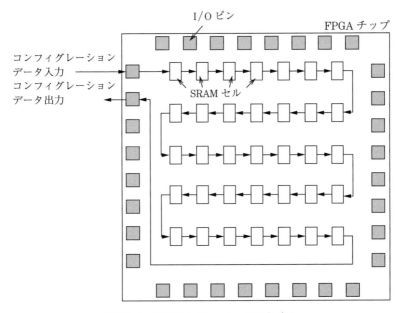

図12.8 コンフィグレーションのしくみ

12.3 FPGA の設計手順

自分が作りたい回路を FPGA で実現するまでの基本的な設計手順を，図 12.9 に示す．最初のステップは，10 章で紹介した RTL 設計である．RTL 設計では，設計しようとするハードウェアを回路のブロックと見立てて，そのブロックで実現する「機能」を Verilog HDL 等の言語で記述する．RTL 設計の進め方は個人によって多少流儀が違うが，初学者はいきなり記述を書き始めるのではなく，まずその回路ブロックのハードウェアイメージをしっかり作ってから，記述を始めることを勧める．具体的には，まずその回路ブロックにはどんな信号が入力し，どんな信号が出力されるのか，入出力信号を列挙してみる．さらに，その回路ブロックで実現する機能を，仕様として書き出す．機能が単純な場合には 1 個の回路ブロックで実現してもよいが，機能が複雑な場合には，回路ブロックを分けて作ったほうが設計やデバッグがしやすくなる．分割方法や，回路ブロック間でやり取りする信号を検討する作業も，記述に先立って行う．

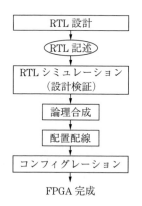

図 12.9 FPGA の基本的な設計手順

つぎに，Verilog HDL や VHDL といったハードウェア記述言語で，回路ブロックの機能を記述する．この記述を RTL 記述と呼ぶ．本書では，Verilog HDL を使った場合の設計を例として，説明していく．

12.3 FPGAの設計手順 151

　図12.9に示すような，RTL記述の作成からFPGAの完成までのステップ
は，現在FPGAの統合設計環境として実用化されており，ほとんどの場合
FPGAのメーカーから入手できる。統合設計環境には，RTL記述を行うための
（テキストベースの）エディタや，後述するRTLシミュレータ，論理合成ツー
ル，配置配線ツール，コンフィグレーションツール等のソフトウェアが含まれ
る。統合設計環境のエディタを使ってRTL記述を作成したら，つぎに，その
記述が正しく書けているかどうかの検証を行う。文法的な誤りがないかどうか
は，RTL記述を作成していく途中でエディタがチェックしてくれる項目もあ
り，これを利用する。また，作成したRTL記述に対して論理合成を行うと，
文法エラーがある場合にはエラーメッセージを出力するので，この方法も利用
してRTL記述を修正する。

　文法的に誤りのないRTL記述ができ上がったら，今度はその記述に書かれ
ている内容が，ちゃんと仕様どおりになっているかの検証を行う。この検証で
は，RTL記述を作成した回路ブロックの入力信号に対し，1や0の値を時間的
に変化させながら与え，RTL記述に書かれたとおりの動作を模擬させて，出
力信号に現れる論理値を観測する。観測される値が，想定した仕様と一致して
いれば，RTL記述は正しく書かれていることが確認できる。この動作の模擬
はRTLシミュレータを使って行い，この方法をRTLシミュレーションと呼
ぶ。詳細は14章で述べるが，RTLシミュレーションを行うには，回路ブロッ
クの入力信号の値をどのようなタイミングで変化させるかを指定する，シミュ
レーション用記述を作る必要がある。

　RTL記述が正しく動作することを確認したら，つぎにその記述を用いて論
理合成を行う。論理合成ツールは，RTL記述を解読してその機能を実現する
論理回路を生成した後，LUTを用いた回路に変換し，ネットリストとして出
力する。さらに，ネットリストをもとに，配置配線ツールがFPGA上のどの
LUTを使って，どの配線経路でつなぐのかを決定する。最終的に，この処理
ではLUTのSRAMセルに記憶させておくべきデータと，プログラマブルス
イッチ中のSRAMセルに記憶させておくべきデータが得られる。このデータ

を，**コンフィグレーションデータ**（または，**ビットストリーム**）と呼ぶ．

最後のステップがコンフィグレーションであり，コンフィグレーションデータを FPGA に書き込むことにより，FPGA の設計が完了する．

章　末　問　題

【12.1】図 12.10 は，FPGA の内部で使われる 3 入力 LUT の構造を示したものである．a, b, c は LUT の入力信号，y は出力信号である．LUT の内部には SRAM セルが 8 個あり，図のように ① 〜 ⑧ の番号が振られている．つぎの問題に答えよ．

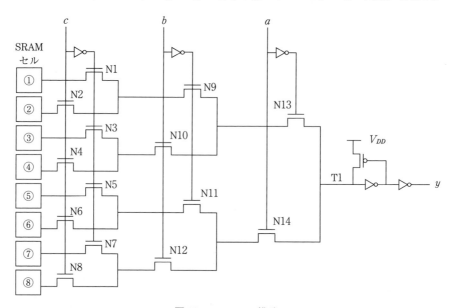

図 12.10　LUT の構造

（1）どの SRAM セルも，SRAM セルから出力 y までの経路上に 3 個の nMOS パストランジスタが存在する．例えば，SRAM セル ① なら，N1，N9，N13 がそれに該当する．いま，パストランジスタ N4，N10，N13 がオンするとき，入力 c, b, a の値はそれぞれなにか．また，そのときどの SRAM セルの値が y に出力されるか．

（2）SRAM セル ⑦ の値が y に出力されるのは，入力 c, b, a の値がそれぞれどんな値のときか．

（3）　SRAM セル ① ～ ⑧ に，順に 1，1，1，1，1，0，1，1 の値が記憶されている場合，この LUT ではどんな論理が実現されるか。出力 y に実現される論理関数を答えよ。なお，論理関数が最も簡単になるように変形して答えること。

【12.2】　図 12.10 に示した LUT で $y = \bar{a} \cdot b + c$ の論理関数を実現したい場合，SRAM セル ① ～ ⑧ には，それぞれどのような値を記憶させておけばよいか。1 または 0 で答えよ。

【12.3】　FPGA では LUT を使ってさまざまな論理関数を実現するが，用意しておく LUT として，何入力の LUT が最も効率がよいのだろうか。いま，FPGA 内で，入力数として 1 種類の LUT だけが用意される場合を考える（個数は何個使ってもよい）。入力数の少ない LUT に比べ，入力数の多い LUT はどのような利点と欠点があるか。遅延時間と面積効率の観点から述べよ。なお，遅延時間は，実現しようとする論理の入力から出力までの最長経路（クリティカルパス）の遅延時間を考えるものとする。また，面積効率は，FPGA 上で論理を実装する場合，いかに効率よくプログラマブル・ロジックブロックが使用されるかを表す指標であり，無駄なく使用された場合は面積効率が高いとする。

　（ヒント）例えば，4 入力 AND の論理を実現する場合，2 入力 LUT では 2 段つなげて実現しなければならない。

引用・参考文献

1）I. Kuon and J. Rose："Measuring the Gap Between FPGAs and ASICs", IEEE Trans. on Computer-Aided Design of Integrated Circuits and Systems, Vol.26, No.2, pp.203-215（2007）

2）J. L. Hennessy and D. A. Patterson："Computer Architecture：A Quantitative Approach（6th Edition）", Morgan Kaufmann, pp. 567-569（2017）

3）Clive "Max" Maxfield："FPGAs：Instant Access," Elsevier（2008）

4）天野英晴 編集：FPGA の原理と構成，オーム社（2016）

5）D. Lewis, et al："The Stratix II Logic and Routing Architecture", FPGA'05, pp.14-20（2005）

6）S. Zhou（Xilinx Inc.）："Structures and Methods of Implementing a Pass Gate Multiplexer with Pseudo-differential Input Signals", US Patent 6,992,505.

13 Verilog HDL の基本文法

RTL 記述を書くには，Verilog HDL または VHDL の基本的な文法を知っておく必要がある．本書では Verilog HDL を例に取り，RTL 記述を書くうえで必要最小限の文法事項だけ述べる．もう少し詳しい内容まで学びたい，あるいは VHDL の文法について学びたいという読者は，類書を参考にされたい．

13.1 モジュール単位で記述する

Verilog HDL の RTL 記述は，回路ブロックごとに書く，というのが基本である．回路ブロックのことを Verilog HDL では**モジュール**（module）と呼ぶ．RTL 記述の中に，モジュールは 1 個だけでもよいし，複数個あってもよい．また，モジュールの内部に別のモジュールがあるような，階層構造を持ったモジュールでもよい．モジュールの骨格を**図 13.1** に示す．

モジュールを定義するには，module という単語で始め，モジュール名を書いた後，カッコ内にそのモジュールの入力信号名と出力信号名を列挙する．これが**モジュール宣言**（module declaration）である．カッコ内に列挙された入出力信号名は，**ポートリスト**（port list）と呼ばれる．その際に，入力信号は input と宣言し，出力信号は output と宣言してから書く．カッコを閉じた後，セミコロン（;）で終了する．

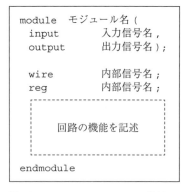

図 13.1 Verilog HDL の RTL 記述におけるモジュールの骨格

モジュールの内部だけで使う信号（内部信号）がある場合には，wire や reg という宣言に続いて信号名を書く（wire や reg の詳細については 13.6 節で述べる）。このあと，モジュール内で実現する回路の機能を記述する。すべて記述し終わったら，最後は endmodule で終わる。このように，module から endmodule までが一つのモジュールの記述になる。

13.2 識　別　子

モジュールや信号には，それぞれ名前を付けて RTL 記述を行う。モジュールや信号に付ける名前のことを**識別子**（identifier）と呼ぶ。C 言語などを使ってソフトウェアを開発する際には，変数や関数に名前を付けてプログラムを記述するが，Verilog HDL を使った RTL 記述ではハードウェアを記述するので，変数や関数ではなく「信号」や「モジュール」になる。

使える文字は，アルファベット，数字，アンダースコア（_），ダラー（$）である。識別子の先頭の文字は，必ずアルファベットまたはアンダースコアでなければならない。2 文字目以降はどのような文字並びでも構わない。例えば，in_data，CLK，adder4 は正しい識別子である。一方，2bit_counter という識別子は正しくない。先頭の文字が数字だからである。また，clock@ という識別子は，使用できない文字（@）を使っているため誤りである。さらに，次節で述べる予約語（例えば，else）も，識別子として使うことはできない。なお，大文字と小文字はたがいに異なる文字として扱われるので，注意が必要である（in_data という信号名を，誤って in_Data と書いてしまった等，このミスが結構多い）。

13.3 予　約　語

Verilog HDL では，モジュール名や信号名として使ってはいけない語があり，予約語として定義されている。最も基本的な予約語を**表 13.1** に示す。

表 13.1 最も基本的な予約語

always	endcase	module
assign	endfunction	negedge
begin	function	or
case	if	output
default	include	posedge
else	initial	reg
end	input	wire

13.4 論 理 値

信号の値として，論理値 1，論理値 0 のほかに，不定値（X または x），および，ハイ・インピーダンス値（Z または z）という値がある。

不定値は RTL シミュレーションの結果に現れる場合があり，論理値 1 か論理値 0 かがその時刻で決まらない場合に X または x という値で表示される。最もよく遭遇するのは，フリップフロップの出力である。フリップフロップの出力の初期値は不定値であり，1 または 0 のデータがフリップフロップに初めて取り込まれるまで，不定値の状態が続く。実際のチップ上のフリップフロップ回路は，電源を入れた直後，リセット動作等の手を加えない限り，回路の状態の微妙なバランスで記憶値が 0 または 1 の状態になる。どちらかの状態にはなるが，電源投入時の電圧変動や製造ばらつきによって 0 になるか 1 になるかわからず，定まらないので，不定値として扱う。フリップフロップに 0 または 1 の値が設定されて初めて，出力の値が不定値ではなくなる。

ハイ・インピーダンス値（Z または z）は，「その信号が電気的にどこにもつながっていない状態」を示すもので，定まらない値（不定な値）ではなく，確定した値である。意図的にこの状態を作り出そうという設計でないにもかかわらず，シミュレーション結果に Z または z が現れる場合には，その信号に対して一度も値が設定されていない可能性がある。その信号は物理的につながっていないとみなされるため，RTL 記述を再度チェックすべきである。

13.5 数値の表現方法

数値は，2進数，16進数と10進数が使える[1]。書き方は，2進数と16進数の場合

「何ビットの」'（アポストロフィー）「何進数で」「何という数」

という書き方をする。2進数はb，16進数はhと表す。具体例を以下に示す。

  1'b1　　……　1ビットの2進数で1

  4'b0011　……　4ビットの2進数で0011

  4'bXXXX　……　4ビットの2進数でXXXX

  16'h78FF　……　16ビットの16進数で78FF

この書き方ではなく，いきなり数値だけ書くと10進数として扱われる。

  234　　　　……　10進数で234

13.6 データ型と信号の定義

Verilog HDL では，それぞれの信号を**ネット型**，**レジスタ型**という2種類のデータ型で区別する。ネット型は **wire 型**とも呼ばれ，この型の信号は「単なる配線」とみなされ，信号値を保持する機能は持たない。一方，レジスタ型は **reg 型**とも呼ばれ，この型の信号は「信号値を保持する機能を持ったもの（記憶機能を持った信号）」とみなされる[2]。その信号が wire 型か reg 型かは，信号を定義する際に宣言する。

信号を定義する際には，wire 型か reg 型かの情報，および（ビット幅が複数の場合には）ビット幅の情報と一緒に，信号名を指定する。

---

[1]　このほか，8進数も書くことが可能である。8進数は o（オー）で表し，4'o7 は4ビットの8進数7を表す。

[2]　これには例外があり，14.1節で説明する function 文の中の reg 型の信号は信号値を保持しない。こういった例外を除き，基本としては記憶機能を持った信号と考えて差し支えない。

158   13. Verilog HDL の基本文法

表 13.2 wire 型信号の定義例

定義例	意　味
`wire reset;`	reset という名前で wire 型の 1 ビットの信号。
`wire clock, reset;`	wire 型の clock という信号と reset という信号を定義。どちらもビット幅が同じ（1 ビット）なので，一つの wire 宣言で並べて書ける（別々に書いても可）。
`wire [7:0] sum;`	8 ビットの wire 型の信号 sum。最上位ビット（MSB）はビット [7] で，最下位ビット（LSB）はビット [0]。
`wire [31:0] A, B, C;`	32 ビットの wire 型の信号 A，B，C。これらは 3 本ともビット幅が同じであるため，一つの wire 宣言で並べて書ける。

wire 型の信号の定義例を**表 13.2** に示す。

ビット幅を持った信号（**バス**（bus）と呼ばれる）に対して，少し説明を補う。定義例で

　　　　`wire [7:0] sum;`

というのがあるが，このように wire 型の 8 ビットの信号を定義すると，実際には**図 13.2** のように 8 本の配線があるものとみなされる。さらに，8 ビットの信号の各ビットが，それぞれ 1 本ずつの配線に対応する。8 ビットの信号 sum の最上位ビット（MSB）は `sum[7]` と表記されるが，図では最も左の配線に対応する。また，最下位ビット（LSB）は `sum[0]` と表記されるが，最も右の配線に対応している。RTL 記述の中でも，`sum[7]` と記述すると，8 ビット信号 sum の最上位ビットの信号のみを取り出して使用できる。また，`sum[3:0]` というふうにビットの範囲を指定して書くと，`sum[3]`, `sum[2]`, `sum[1]`,

MSB   LSB

sum[7]　　sum[6]　　sum[5]　　sum[4]　　sum[3]　　sum[2]　　sum[1]　　sum[0]

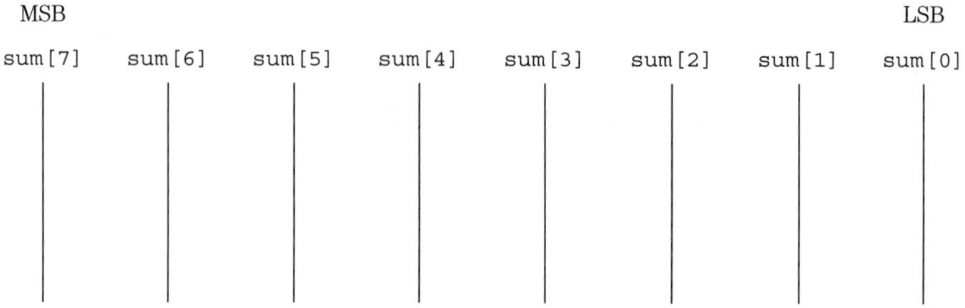

図 13.2 ビット幅を持った信号（バス）の例

sum[0] という 4 本の信号をまとめて指定できる。単に sum と書くと，8 ビットの信号 sum 全体を指定することになる[†]。

なお，ビット幅の異なる信号は，一つの wire 宣言の中に並べて書くことはできない。例えば，表 13.2 の例で，reset と sum は同じ wire 型の信号であるが，ビット幅が異なるため

```
wire reset;
wire [7:0] sum;
```

というふうに別々の wire 宣言をして書く必要がある。

つぎに，reg 型の信号の定義例を**表 13.3** に示す。reg 型の信号は，reg という予約語に続けて宣言する。それ以外の部分は，wire 型信号の定義の仕方と同じである。

表 13.3 reg 型信号の定義例

定義例	意　味
reg stateFF;	stateFF という名前で reg 型の 1 ビットの信号。
reg mode_A, mode_B;	reg 型の mode_A という信号と mode_B という信号を定義。どちらもビット幅が同じ（1 ビット）なので，一つの reg 宣言で並べて書ける（別々に書いても可）。
reg [7:0] counter;	8 ビットの reg 型の信号 counter。最上位ビット（MSB）はビット [7] で，最下位ビット（LSB）はビット [0]。
reg [31:0] P, Q, R;	32 ビットの reg 型の信号 P，Q，R。これらは 3 本ともビット幅が同じであるため，一つの reg 宣言で並べて書ける。

13.7　演　算　子

RTL 記述では，算術演算や論理演算等のさまざまな式が記述できる。演算の式では，加算（+）や減算（-）等の演算子を使う。Verilog HDL で使用できる演算子は C 言語と似ているが，注意が必要で，C 言語で使えるインクリメント演算子（++）やデクリメント演算子（--）が Verilog HDL では定義され

[†]　wire [0:7] sum; という定義も許されている。ただ，そのように定義した場合，MSB は sum[0]，LSB は sum[7] となる。

160   13. Verilog HDL の基本文法

ておらず使えない。また，C 言語でブロック化に使う中括弧 {　} が，Verilog
HDL では演算子（連結演算子）として定義されており，ブロック化には中括
弧が使えない[†1]。

表 13.4 に，Verilog HDL の RTL 記述で使う最も基本的な演算子の一覧を示
す[†2]。また，**表 13.5** に演算子の優先順位を示す。なお，演算の順序は（　）を
使って変更できる。演算子の優先順位は決められているものの，RTL 記述の
ミス（バグの混入）を防ぐためにも，複雑な演算の式には丁寧に（　）を使っ
て書くことを勧める。

表 13.4 Verilog HDL の最も基本的な演算子一覧

分　類	演算子	演　算	分　類	演算子	演　算
算術演算	+	加　算	等号演算	==	等しい
	-	減　算		!=	等しくない
	*	乗　算	関係演算	<	小さい
	/	除　算		<=	小さいか等しい
	%	剰　余		>	大きい
ビット演算	~	全ビット反転		>=	大きいか等しい
	&	対応する各ビットの論理積	論理演算	!	条件に対する否定
	|	対応する各ビットの論理和		&&	条件での論理積
	^	対応する各ビットの排他的論理和		||	条件での論理和
シフト演算	<<	論理左シフト	条件演算	?:	条件？真の場合：偽の場合
	>>	論理右シフト	連結演算	{　}	連結してひとまとまりの信号として扱う

---

†1　Verilog では，begin という予約語と end という予約語で囲ってブロック化する。詳
　　細は 14 章を参照のこと。
†2　演算子はこれ以外にもあるが，興味のある読者は類書を参考にされたい。

章 末 問 題　　　　161

表 13.5　演算子の優先順位

演　算	演算子	
否定，反転	! ~	高
乗除算	* / %	
加減算	+ -	
シフト演算	<< >>	
関係演算	< > <= >=	
等号演算	== !=	
ビットの論理積，排他的論理和	& ^	
ビットの論理和	|	
条件での論理積	&&	
条件での論理和	||	
条件?真の場合:偽の場合	? :	低

13.8　書式とコメント

　Verilog HDL の RTL 記述はフリー・フォーマットであり，スペース，タブ，改行等を自由に挿入できる。

　コメントは C 言語と同様，// で始まり行末までのコメント，および，/* と */ で囲んだコメント，が記述できる。

章　末　問　題

【13.1】Verilog HDL の文法に関するつぎの文章を読み，記述が正しいか，誤っているかを答えよ。また，誤っている場合にはどこが誤っているかを指摘せよ。
　（1）　回路ブロックのことを Verilog HDL ではモジュールという。
　（2）　モジュールの内部に別のモジュールがあるような，階層構造を持ったモジュールは記述できない。
　（3）　モジュール名として 2bit_counter という名前でモジュールを定義した。
　（4）　4 ビットの 2 進数 1011 は，4'b1011 と記述する。
　（5）　信号値 X は，ハイ・インピーダンス値の意味である。

162   13. Verilog HDL の基本文法

（6） フリップフロップに 1 または 0 の値が初めて取り込まれるまで，フリップ
フロップの出力値は X である。

（7） wire 型の信号は reg 型の信号と異なり，信号値を保持する機能は持たない。

（8） 8 ビットの reg 型の信号 counter を定義するときには，`reg [8:0]`
`counter;` と書く。

（9） RTL 記述は C 言語と同じようにブロック化して書くことができ，ブロック
化する際には中カッコ { } で囲む。

（10） RTL 記述では，C 言語と同じようにインクリメントの演算子 ++ を使うこと
ができる。

14

Verilog HDL での
RTL 記 述 方 法

　RTL 記述はハードウェア（ディジタル回路）の機能を記述するものであり，組合せ回路と順序回路では記述方法が多少異なる。本章ではまず，組合せ回路の RTL 記述方法について，4 ビット加算器を例に説明する。続いて，順序回路の RTL 記述方法について，フリップフロップ回路とレジスタ，カウンタを例に解説する。さらに，モジュールの階層化とインスタンスについて述べた後，RTL シミュレーションを行う際に必要なシミュレーション用記述（テストベンチ）について説明する。

14.1　組合せ回路の RTL 記述方法

14.1.1　基本的な記述方法と assign 文

　組合せ回路は，現在の入力信号の値のみで出力の値が決まる回路であり，NOT 回路，AND 回路等の論理ゲートや，加算回路が代表的な例である。ここでは，4 ビットの加算器を例に，13 章で説明した Verilog HDL の基本文法に従いながらどのようにして RTL 記述を作成していくのかについて，順を追って説明する。

　まず，仕様として，二つの 4 ビットデータ（dataA と dataB）を加算し，和（sum，4 ビット）と桁上げ（carry，1 ビット）を出力する加算器を考える。この加算器の RTL 記述例を**リスト 14.1** に示す。加算器のモジュール名はadder_4b とした。以下では，このリストを見ながら RTL 記述の書き方を説明していく。

　RTL 記述は，module という予約語で始め，adder_4b という名前のモジュールを宣言する。module と adder_4b の間には，1 個以上のスペースか

164　　　　　　14. Verilog HDL での RTL 記述方法

```verilog
module adder_4b(
input   [3:0]  dataA, dataB,
output  [3:0]  sum,
output         carry);

wire   [4:0]  temp;

   assign  temp = dataA + dataB;
   assign  carry = temp[4];        //c.1.1
   assign  sum = temp[3:0];        //c.1.2
endmodule
```

リスト 14.1　4 ビット加算器の RTL 記述例（その 1）

タブを入れる。

　モジュールの入出力信号は，adder_4b に続くカッコ（　）の中に記述する。入力信号 dataA と dataB はどちらも 4 ビットの信号であるため，input で宣言し，ビット幅を [3:0] と記述する。どちらも同じビット幅を持つので，一つの input 宣言で並べて書ける。なお，入出力信号はカンマ（,）で区切りながら列挙していく。出力信号 sum と carry はビット幅が異なるので，別々に output 宣言をして記述する[†1]。入出力信号を列挙し終わったら，）で閉じた後，セミコロン（;）で終了する[†2]。

　つぎに，内部信号を定義する。4 ビットどうしの 2 進数を加算すると，答えは 4 ビットにはならず，桁上げまで含めると 5 ビットになる。この記述例では，加算結果をいったん 5 ビットの temp という信号で受けることを意図しているため，temp という wire 型の内部信号を定義している。この後，加算器の機能を記述する。ここでは，assign という予約語で始まる記述（**assign**

[†1]　モジュールの出力信号も wire 型と reg 型があり，reg 型の場合は ouput reg と書かなければならない。wire 型の場合は，データ型の宣言を省略できる。この例の carry と sum は，wire 型の信号である。

[†2]　リスト 14.1 に示す書き方のほかに，カッコの中にはモジュールの入出力信号名のみを記載し，カッコの外で，独立して input 宣言と output 宣言を書く記法もある。

14.1 組合せ回路の RTL 記述方法 *165*

文）が 3 行書かれている。assign 文は，「組合せ回路の機能を定義する」もの
で，右辺の式の結果が左辺の信号に代入される。リスト中の

assign temp = dataA + dataB; (14.1)

では，dataA と dataB を加算した結果が左辺の temp という信号に代入され
る。ちなみに，「assign 文の左辺の信号は必ず wire 型でなければならない」と
いうルールがあるので，注意が必要である。

加算結果を受けた 5 ビットの内部信号 temp の最上位ビット（temp[4]）
には，加算結果で生じる桁上げの値が出力され，残りの下位 4 ビット
（temp[3:0]）には和の値が出力される。このことを踏まえ，コメント
c.1.1 と c.1.2 の行の assign 文で，carry に temp[4] を，sum（4 ビット）
に temp[3:0] をそれぞれ代入している。機能の定義がすべて終わったら，
endmodule でモジュールの記述を終了する。

リスト 14.1 では加算結果をいったん 5 ビットの信号 temp で受ける例を示
したが，連結演算子 { } を使うと内部信号で受けずに書くことができる（**リ
スト 14.2**）。

```
module adder_4b(
    input    [3:0]  dataA, dataB,
    output   [3:0]  sum,
    output          carry);
    assign  {carry, sum} = dataA + dataB;   //c.2.1
endmodule
```

リスト 14.2 4 ビット加算器の RTL 記述例（その 2）

{carry, sum} という記述は，連結演算子 { } を使って 1 ビットの信号
carry と 4 ビットの信号 sum をひとまとまりの信号として扱うという記述で
ある。左側に書かれているものほど，ひとまとまりにした信号の上位ビットに
対応する。ひとまとまりの信号は 5 ビットとなり，コメント c.2.1 の行の
assign 文によって，dataA と dataB を加算したときの桁上げが carry に代

14. Verilog HDL での RTL 記述方法

入され，残りの 4 ビットの和出力が sum に代入される。

14.1.2 条件によって代入値を変えたい場合の記述方法と function 文

組合せ回路では，assign 文を使って信号への代入を行うことを学んだ。assign 文での式の右辺には，演算を行う数式や論理式を書くことができ，式の結果が左辺の信号に代入される。ところが，機能が複雑になってくると，条件によって，代入する値を変えたいというケースが出てくる。

例えば，1 ビットの信号 cntrl の値が 0 なら dataA を代入し，1 なら dataB を代入する場合を考えよう。これは条件が単純なので，**リスト 14.3** のように条件演算子を使って書ける。

```
assign  dataC = (cntrl==0)? dataA: dataB;
```

リスト 14.3 条件演算子を使った記述例

ところが，条件がもっと複雑な場合や，条件分けをして書きたいといった場合には，条件演算子を多数書くよりも，もっと可読性の高い記述をしたい。できれば右辺で直接 if 文を書きたいのだが，Verilog HDL では許されていない。こういった場合の有効な手段が，**function 文**である。function 文を使うと，if や else，さらに case 文（C 言語の switch 文に相当）が使える。function 文を使った記述例を，**リスト 14.4** に示す。

assign 文の右辺に，function を呼び出す記述が書かれている。呼び出す function のファンクション名は sel_func で，引数として三つの信号 cntrl, dataA, dataB を渡している。呼び出される function は，function 文として独立して記述する。すなわち，function という予約語で始め，その後，戻り値のビット範囲を指定した後，ファンクション名を記述する。このように，戻り値は多ビット幅の信号も指定することができる。ちなみに，function 文の中では，戻り値の名前はファンクション名と同じ名前で扱う。つぎに，この function に与えられる入力を input 宣言で記述する。その際に，

14.1 組合せ回路の RTL 記述方法　　　　　*167*

```
assign    dataC = sel_func(cntrl, dataA, dataB);
function [3:0]    sel_func;
    input            sel;
    input [3:0]      A, B;
    reg   [3:0]      temp;
        begin
            if (sel==0)
                temp = A;
            else
                temp = B;
            sel_func = temp;
        end
endfunction
```

リスト 14.4 function 文を使った記述例

function を呼び出すときの引数の並び順に従って，input 宣言を書く必要が
ある。すなわち，この例では，指定した引数で最初に書かれているのが
cntrl であるので，最初の input 宣言ではこの cntrl という信号を function
内部では sel という信号で扱う，という記述がなされている。つぎの input
宣言は，第 2 引数 dataA と第 3 引数 dataB をそれぞれ A，B という信号で，
function 内部では扱うという記述である。どちらも 4 ビットの信号なので，
ビット範囲 [3:0] が指定されている。そのつぎの reg 宣言は，この
function（すなわち，sel_func）の中だけで使うローカル信号を宣言して
いる。ちなみに，function 文の中で使われる reg 宣言は，記憶機能はもたな
い。つぎの begin から最後の end までの部分が function の中身であるが，
if と else を使って，信号 sel の値によって temp に代入される値を変える
という機能が書かれている。13 章で述べたように，Verilog HDL でブロック化
する構造を書くには，begin と end で囲む。C 言語では中カッコ {　} でブ
ロック化を行うが，Verilog HDL では中カッコが演算子として使われるため，
begin と end でブロック化する。なお，ブロックは入れ子の構造になってい

168　　　　　　　14. Verilog HDL での RTL 記述方法

てもよい。

　if 文では，予約語 if に続くカッコ（　）の中の条件式を評価し，評価結果が真なら，if 文内に書かれた処理を実行する。else 文は if 文とペアで使用し，if の条件式の評価結果が偽の場合に，else 文内に書かれた処理を実行する。この例では，sel が 0 かどうかを評価し，sel が 0（つまり，真）の場合には temp に A を代入し，sel が 0 でない（つまり，偽）の場合には temp に B を代入する。

　最後に temp の値を戻り値 sel_func に代入し，endfunction で終了する。注意点として，function 文の中での代入は単に等号（=）だけを使って書く。function 文の中で assign を使って代入をしないように注意しよう。

　なお，リスト 14.4 の記述は，リスト 14.3 と同じ機能を，function 文を使って書いた例である。条件がきわめて単純な場合の例なので，記述としては条件演算子を使ったほうがシンプルかつ短い記述で書けている。しかし，条件がもっと複雑な場合，もしくは if や else，else if を使って複数の信号への代入を記述するような場合には，書きやすさや可読性という点で function 文のメリットが大きくなる。

　function 文の中では，さらに，**case 文**というものが書ける。これは C 言語の switch 文に相当するものであり，記述例を**リスト 14.5** に示す。

```
case (dataA)
      5'b00001:      dataC = 3'b001;
      5'b00010:      dataC = 3'b010;
      5'b00100:      dataC = 3'b011;
      5'b01000:      dataC = 3'b100;
      5'b10000:      dataC = 3'b101;
      default:       dataC = 3'b000;
endcase
```

リスト 14.5　case 文の記述例

14.2　順序回路の RTL 記述方法　　169

　case 文は，予約語 case で始め，そのあとカッコ（　）の中に条件となる式または信号名を指定する。この場合，5 ビットの信号 dataA が指定されており，case のつぎの行から endcase の前の行までが，dataA の値によって dataC に代入する値をどのように変えるかという記述である。すなわち，dataA が 5'b00001 の と き，dataC に は 3'b001 を 代 入 す る。 数 値 5'b00001 のあと，コロン（:）を付けて，dataC への代入を記述する。以下，5'b00010：から 5'b10000：の行まで続き，最後に default：を書く。この default の部分には，それまでの条件に当てはまらなかったときどんな値を代入するかを書く。この例では，dataA は 5 ビットなので，dataA として取り得る値は $2^5=32$ 通りあるが，その中で五つの場合（5'b00001 から 5'b10000 まで）に対してしか書かれていない。万が一，dataA がそれ以外の値になったとき dataC に何の値を代入するのかが不明である。そのために，dafault の部分の代入を書いておく。何の値でもよければ，dataC として問題にならないような値を指定しておく。case 文では，全通りの場合を書きつくせないときには，default の部分を忘れずに書くよう心がけたい。

　なお，組合せ回路の記述をする際に，function 文を使わずに，14.2 節で述べる always 文を使う方法も実際の設計では使われている。ただ，その場合 RTL 記述で条件の抜け等があると，論理合成で，組合せ回路ではなく順序回路が意図せずに合成されてしまう場合があり，初学者には誤りの特定が難しいことが多々ある。このため，本書では組合せ回路に対しては function 文を使う記法を紹介している。

14.2　順序回路の RTL 記述方法

14.2.1　フリップフロップやレジスタの記述方法と always 文

　前節では組合せ回路の記述方法について述べたが，本節では順序回路の記述方法について説明する。順序回路の設計で必要となるのが，フリップフロップである。フリップフロップは 1 ビットの情報を記憶する回路で，これまでに論

170   14. Verilog HDL での RTL 記述方法

理回路を学んだ読者はさまざまな種類のフリップフロップを学ばれたと思う。
ところが，FPGA の設計で最もよく使われるフリップフロップは**D フリップ
フロップ**（以下，DFF と記す）で，この1種類を知っておけば FPGA での順
序回路は設計できる。

　いま，クロック信号 clock とデータ信号 d を入力信号とし，フリップフ
ロップ内の記憶データ q を出力信号として持つ DFF を考える。この DFF は，
clock の立上りエッジで d のデータを取り込んで記憶するものとする。この
DFF の RTL 記述を書いてみよう。なお，クロック信号の立上りエッジについ
ては8章で説明したが，FPGA の章から読んでいる読者もいると思うので簡単
に説明する。クロック信号は論理値0と論理値1を周期的に繰り返す信号で，
クロック信号が変化するタイミングのことをエッジと呼ぶ。とくに，クロック
信号が「0から1へ」変化するタイミングのことを立上りエッジと呼び，ク
ロック信号が「1から0へ」変化するタイミングは立下りエッジと呼ぶ。今
回，RTL 記述を作成する DFF は，クロック信号 clock の立上りエッジでの
み，そのときの入力データ d の値を取り込み，それ以外のタイミングでは値
を保持する。この DFF の RTL 記述例を**リスト 14.6** に示す。

```
module    dff (
  input        clock, d,
  output reg   q);
        always @(posedge clock) begin
              q  <=  d;
        end
endmodule
```

リスト 14.6　DFF の RTL 記述例

　リスト 14.6 での注意点は二つある。まず，モジュール名 dff を宣言した
後，カッコ内にポートリストを書くが，出力信号 q は値を保持する機能を持
つため，reg 型であることを一緒に宣言する。このため，単に output　q; で

はなく，output reg q; と記載する必要がある。

もう一つは，**always 文**である。always @( ) begin … end は，「カッコの中が成り立つときには，つねに…の部分を実行せよ」という意味である。いま，カッコの中には posedge clock と書かれている。posedge はポズエッジと読み（positive edge の略），「立上り」エッジを指す。このため，posedge clock は clock の立上りエッジで，という意味になる。また，q<=d は，reg 型の信号 q に d の値を代入せよという意味である。したがって，この always 文は「clock という信号の立上りエッジで，つねに，入力データ d の値を取り込め」という意味になる。

なお，「reg 型の信号に対する代入」は，等号（=）を使うのではなく，小なりイコール（<=）を使って代入することを心がけよう。Verilog HDL では reg 型の信号への代入の際に = を使っても文法的に許されるが，<= を使った場合とは動作および合成された回路が異なることがある。自分の想定した順序回路を合成するためにも，reg 型の信号への代入は <= を使って行うよう注意しよう。

フリップフロップは 1 ビットの記憶回路であることを述べたが，フリップフロップを複数並べることで多ビット幅の記憶回路（レジスタ）ができる。レジスタの RTL 記述方法について，つぎに見てみよう。**リスト 14.7** に，4 ビットのレジスタの RTL 記述例を示す。

```
module reg_4b (
  input          clock,
  input     [3:0] dataA,
  output reg [3:0] dataY) ;
      always @(posedge clock) begin
            dataY  <=  dataA;
      end
endmodule
```

リスト 14.7　4 ビット・レジスタの RTL 記述例

基本的な構造はリスト 14.6 の DFF の記述と同じだが，モジュールの入出力
信号を列挙するポートリストの部分が若干異なっている。input と宣言され
た信号のうち，clock は 1 ビットの信号，dataA は 4 ビットの信号で両者は
ビット幅が異なるので，別々に input 宣言する。4 ビットの信号 dataA は，
ビット範囲 [3:0] を一緒に指定する。レジスタの出力 dataY は，記憶機能を
持った信号で，かつ 4 ビットの幅を持つため，reg と指定し，ビット範囲
[3:0] を指定する。

　always 文の書き方は，DFF での書き方と同じである点に注意しよう。信号
clock の立上りで dataA を dataY に代入するが，dataA の 4 ビットデータ
をそのまま dataY に代入するのでビット範囲は書かなくてよい。

14.2.2　リセット付きレジスタの記述方法

　前項までに学んだフリップフロップやレジスタでは，クロック信号の立上り
エッジで入力データを取り込んで記憶する。したがって，クロック信号の立上
りが来て以降は，記憶データおよび出力（q や dataY）が確定する。では，
クロック信号の立上りが来るまでは，出力はどんな値になっているのだろう
か。答えは，不定値（X または x で表記）である。この理由については 13.4
節で説明されている。もう一つ厄介なのは，クロック信号の一番初めの立上り
エッジが来たときに，フリップフロップやレジスタにはそのときの入力データ
が勝手に取り込まれてしまう点である。クロック信号の最初の立上りエッジが
来る前に，すべてのフリップフロップやレジスタの入力に対して，設計者が意
図した値を設定できていればよいが，実際には不可能な場合が多い。そこで，
フリップフロップやレジスタの記憶値を設計者が意図した値に設定したいとき
に取る手段があり，それが**リセット**である。前項で紹介した DFF やレジスタ
は，そのままではリセットの動作ができないので，リセットを可能にする記述
方法を本項で説明する。

　リセットには同期リセットと非同期リセットがあるが，FPGA の設計で通常

14.2 順序回路の RTL 記述方法   173

使われるのは非同期リセット（クロック信号の立上りエッジのタイミングとは
無関係にリセットできる）なので，本書ではこちらを使って説明する。非同期
リセット付きの 4 ビットレジスタの RTL 記述例を**リスト 14.8** に示す。

```
module    reg4_reset (
  input        clock, res_N,
  input        [3:0]  dataA,
  output reg   [3:0]  dataY);
  always @(posedge clock or negedge res_N) begin
          if (!res_N)
                  dataY  <=  4'b0000;
          else
                  dataY  <=  dataA;
  end
endmodule
```

リスト 14.8　非同期リセット付き 4 ビットレジスタの記述例

　モジュールの入力信号として，リセット信号 res_N が追加されている。電
子機器ではリセット信号が 0 のときリセット動作を行うという仕様が多いの
で，ここでもその仕様にしている。なお，（1 でなく）0 のときにアクティブで
あることを示すため，ここでは信号名の末尾に _N（negative の意味）を付け
ている。always @ (　) のカッコの中を見ると，posedge clock 以外に，
negedge res_N という記述が追加されている。negedge はネグエッジと読
み，negative edge すなわち「立下り」エッジを指す。posedge clock
と negedge res_N が or で結ばれているので，どちらか一方が起こったら，
それに続く begin 〜 end の部分（always 文のボディ）を実行せよという意味
である。clock の立上りエッジが来なくても，res_N の立下りエッジが来れ
ば always 文のボディが実行され，res_N が 0 なら dataY にはオール 0 が代
入される。このように，clock の立上りエッジのタイミングとは無関係にレ
ジスタをリセットできる。

14.2.3 カウンタの記述方法

システムを構成するうえでの FPGA の役割を見てみると，他の機器や集積回路に対する制御信号やタイミング信号を生成する役割を担っていることがかなり多い。例えば，ある信号 A を 0 にしたあと何ナノ秒後に，別の信号 B を何ナノ秒の期間 1 にするよう，信号 A と B を FPGA で生成して出力してほしいという要求である。こういった信号を FPGA で生成するには，FPGA 内でカウンタを作って，クロックサイクル数をカウントしながら 0 と 1 を切り替える信号を生成する。カウンタは，前項までに説明した内容を応用することで簡単に記述できる。非同期リセット付きカウンタの記述例を，**リスト 14.9** に示す。

```
module    counter_reset (
  input        clock, res_N,
  output reg   [3:0]  counter);
  always @(posedge clock or negedge res_N) begin
          if (!res_N)
                  counter <= 4'b0000;
          else
                  counter  <= counter + 1;
  end
endmodule
```

リスト 14.9 非同期リセット付き 4 ビットカウンタの記述例

この記述例では，res_N を 0 にすると，counter に 4 ビットの 0000 が代入される。res_N を 1 にすると，つぎの clock の立上りエッジで，現在の counter の値に 1 を足した値が counter のデータとして上書きされる。これにより，counter の値は 4 ビットの 0001 になる。以降，clock の立上りエッジで res_N の値が評価され，res_N が 1 なら現在の counter の値に 1 を足した値で上書きする，という動作を繰り返す。このように，**リスト 14.9** の RTL 記述によって，clock の立上りエッジで counter の値が 0000，0001，0010，0011，0100，…とカウントアップしていく**2 進カウンタ** (binary counter) が実現できる。なお，couter の値が1111 まで到達したら，clock のつぎの立上りエッジで0000 に戻り，上記のカウントアップを繰り返す。

14.3 モジュールの階層化とインスタンス

　これまでに紹介したRTL 記述は，比較的単純な機能を持ったモジュールの記述で，記述量も少なかった。複雑な機能を持ったモジュールや回路規模の大きなモジュールでは記述量も多くなるため，記述が読みにくくなりデバッグもしにくくなる。これに対処するため，RTL 記述では，比較的単純な機能を持つモジュールを部品として作っておき，部品と部品を配線でつないで全体を作り上げる，という手法を使う。この手法を**モジュールの階層化**と呼ぶ。例を**図 14.1** に示す。この例では，モジュール main_cnt とモジュール LED_cnt を別々に作っておき，それらを部品として基板上に配置して，信号線でつなぐイメージである。このとき，部品（main_cnt と LED_cnt）が下位モジュール，基板 (top) が上位モジュールとなる。

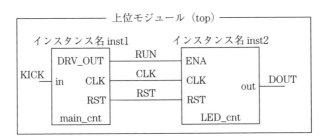

図 14.1 モジュールの階層化の例

　下位モジュールは，個々に固有の部品（**インスタンス**（instance））として扱われ，固有の部品名（**インスタンス名**）が付けられる。図の例では，main_cnt というモジュールは，inst1 というインスタンス名が付けられて上位モジュール top に部品として置かれている。また，LED_cnt というモジュールには，inst2 というインスタンス名が付けられている。この例に対するRTL 記述

176   14. Verilog HDL での RTL 記述方法

```
module top (
    input    KICK, CLK, RST,
    output         DOUT);

    wire    RUN;

    main_cnt inst1 (
    .in(KICK), .DRV_OUT(RUN), .CLK(CLK), .RST(RST)
    );
    LED_cnt    inst2 (
    .out(DOUT), .ENA(RUN), .CLK(CLK), .RST(RST)
    );
endmodule
```

リスト 14.10　モジュールの階層化の記述例

を**リスト 14.10** に示す。

　まず，モジュール top に対する module 宣言があり，このモジュールの入出
力信号として KICK，CLK，RST，DOUT が宣言されている。RUN という信号
は，モジュール top の内部でのみ使われる信号として wire 宣言されている。
つぎの

　　　main_cnt inst1 (.in(KICK), .DRV_OUT(RUN), .CLK(CLK),
　　　.RST(RST));

という記述が，main_cnt というモジュールを inst1 というインスタンス名
で配置する記述である。この記述の書式は

　　　下位モジュール名　インスタンス名（. 下位モジュールピン名（上位モ
　　　ジュール配線名，...）;

である。カッコの中は，下位モジュールのピンを何という名前の配線とつなぐ
か，という記述がなされる。上の例では，. in(KICK) という記述があり，こ
れは下位モジュール main_cnt の in という名前のピン（端子）を，KICK と
いう名前の配線につなぐ，という意味である。

14.4 シミュレーション用記述

二つのインスタンス（inst1 と inst2）の記述を並べて見てみよう。

```
main_cnt  inst1(.in(KICK),  .DRV_OUT(RUN),  .CLK(CLK),
    .RST(RST));
LED_cnt  inst2(.out(DOUT),  .ENA(RUN),  .CLK(CLK),  .
    RST(RST));
```

上下の行のカッコの中の，二つ目の要素に注目して欲しい。上の記述では，.DRV_OUT(RUN) となっており，これは main_cnt というモジュールの DRV_OUT というピンが，RUN という配線とつながれていることを示す。一方，下の記述では，.ENA(RUN) となっており，これは LED_cnt というモジュールの ENA というピンが，RUN という配線とつながれていることを示す。この 2 行から，main_cnt の DRV_OUT と LED_cnt の ENA が RUN という配線を介して結ばれていることがわかり，図 14.1 の中の接続関係が具体的に記述されている。

14.4 シミュレーション用記述

自分の作成した RTL 記述で，回路が想定したとおり動作するかどうかを，コンピュータ上で確かめられればたいへん役に立つ。これが RTL シミュレーションを使った動作検証である。このときに使うシミュレータ（ソフトウェア）は，RTL 記述した回路の入力信号に対して 0，1 のデータを与えると，回路の動作を模擬して，出力信号の値を表示してくれる。想定した出力信号の値になっていなければ，回路の RTL 記述に誤り（バグ）があると判断できる。RTL 記述のデバグ作業では，まず，バグの原因やバグの箇所を特定する必要があるが，回路内部の信号が観測できると便利である。シミュレーションではこれが可能である。

RTL シミュレーションを行う際に，回路に加える入力データとして，どの入力信号に対しどの時刻にどんな値を与えるかという情報（**テストベクタ**と呼ぶ）を用意しておく必要がある。したがって，RTL シミュレーションでは，

このテストベクタを含むシミュレーション用記述（**テストベンチ**）と，回路の RTL 記述を用意して実行する．テストベンチは，テスト用の入力データを供給するしくみや，出力信号をモニタするしくみを持つ．テストベンチの構造を**図 14.2** に示す．シミュレーションを行うには，テストベンチを最上位のモジュールとして作成し，そのモジュールの中に，テストする回路をインスタンスとして置く．テストする回路への入力信号は，テストベンチ内のレジスタに記憶されているデータを供給し，このデータを変えながら，テストする回路の出力信号を観測する．

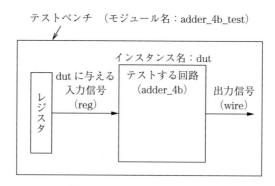

図 14.2 テストベンチの構造

組合せ回路のシミュレーション用記述の例として，リスト 14.1（または，リスト 14.2）に示した 4 ビット加算器に対するテストベンチを考えよう．テストベンチのモジュール名をたとえば adder_4b_test とし，このモジュール内に，テストする回路（モジュール名 adder_4b）をインスタンスとして置く．さらに，インスタンス名を，たとえば dut（device under test）とする．この構造に対する具体的なシミュレーション用記述の例を，**リスト 14.11** に示す．

1 行目のモジュール宣言で，モジュール名 adder_4b_test を定義するが，それに続くカッコの中には何も書かない．テストベンチのモジュール自身には，外部からの入力信号や外部への出力信号がないためである．そのあとの 2 行の reg 宣言が，テストする回路に入力データを供給するレジスタである．この例では，4 ビットのレジスタのデータ（dataA と dataB）を 4 ビット加算

14.4 シミュレーション用記述 179

```
module adder_4b_test ( );
    // 入力データを供給するレジスタ
        reg [3:0] dataA;
        reg [3:0] dataB;
    // 出力データをモニタする
        wire [3:0] sum;
        wire carry;
    // テストする回路をインスタンスとして置く
        adder_4b dut (
            .dataA(dataA), .dataB(dataB), .sum(sum),
            .carry(carry)
        );
    // 入力データをいろいろ変える
        initial begin
                    dataA <= 0;  dataB <= 0;
            #10 dataA <= 4'b0000;  dataB <= 4'b0001;
            #10 dataA <= 4'b0001;  dataB <= 4'b0001;
            #10 dataA <= 4'b0011;  dataB <= 4'b0010;
            #10 $finish;
        end
endmodule
```

リスト 14.11 組合せ回路（4 ビット加算器）のシミュレーション用記述例

器へ供給する。つぎの wire 宣言は，テストする回路の出力データ（sum と
carry）を観測するためのものである。このように，テストベンチの記述で
は，「テストする回路への入力信号は reg 宣言し，観測する出力信号は wire 宣
言する」ことを覚えておこう。

　つぎに，テストする回路をインスタンスとして置く記述を入れる。ここで
は，4 ビット加算器のモジュール adder_4b を，インスタンス名 dut として
置く。そのつぎの記述が，入力データをいろいろと変える指定を行う部分であ
る。**initial 文**を使うが，この initial 文は，シミュレーションの間に 1 回だけ実

180　　　　　　14. Verilog HDL での RTL 記述方法

行される。さらに，initial 文はシミュレーション用記述にだけ使われ，論理合成する部分には使用しないので注意が必要である。initial 文の中身を見ると，まず

$$\text{dataA <= 0; \quad dataB <= 0;} \tag{14.2}$$

という記述がある。これは，初期値として（すなわち，時刻 0 で）dataA と dataB にデータ 0 を代入することを示す。そのつぎの

$$\text{\#10 dataA <= 4'b0000; \quad dataB <= 4'b0001;} \tag{14.3}$$

であるが，#10 は「時間単位 10 が経過した後」という意味である。したがって，時間単位 10 が経った後，dataA には 4'b0000 を代入し，dataB には 4'b0001 を代入するという意味になる。そのつぎの行の

$$\text{\#10 dataA <= 4'b0001; \quad dataB <= 4'b0001;} \tag{14.4}$$

は，「さらに」時間単位 10 が経った後，その右側に記した代入を行う，という意味なので注意が必要である。なお，時間単位 10 であるが，記述のどこかに

$$\text{`timescale 1 ns / 1 ps} \tag{14.5}$$

というような指定があれば，この場合には時間単位が 1 ns という指定なので[†]，#10 は 10 ns を表すことになる。initial 文の最後にある $finish; は，その時点でシミュレーションを終了することを示す。なお，リスト 14.11 の記述でシミュレーションが実行できるのだが，使用する FPGA 設計環境の中に波形表示ツールが組み込まれていれば，そのままシミュレーション結果の波形表示ができる。

　ここまで，シミュレーション用記述として，テストする対象が組合せ回路である場合を例に挙げて説明した。ところが，テスト対象が順序回路の場合，クロック信号やリセット信号を与えるしくみを記述する必要がある。いま，非同期リセット付き 4 ビットカウンタ（リスト 14.9）を例に，シミュレーション用記述について説明する。記述例を**リスト 14.12** に示す。

　テストベンチのモジュール counter_reset_test の中で，カウンタへの入力信号（クロック信号 clock とリセット信号 res_N）は reg 宣言し，観測

[†]　`timescale で時間単位と精度を指定する。したがって，`timescale 1 ns/1 ps では，時間単位が 1 ns，シミュレーションでの時間精度が 1 ps である。

14.4 シミュレーション用記述
181

```
module counter_reset_test();
// 入力信号
reg     clock, res_N;
// 出力信号
wire    [3:0]  counter;
// テストする回路をインスタンスとして置く
counter_reset  dut (.clock(clock), .res_N(res_N), .counter
(counter));
// 入力データ
initial begin
                clock <= 0;   res_N <= 1;
        #25     res_N <= 0;
        #20     res_N <= 1;
        #500    $finish;
end
// クロックの生成
  always #10 begin
        clock <= ~clock;
  end
endmodule
```

リスト 14.12 順序回路（4 ビットカウンタ）のシミュレーション用記述例

する出力信号 counter を wire 宣言する。これは組合せ回路をテストする場合と同じである。違うのは入力データの与え方で，特に，クロック信号は initial 文と always 文の両方を使って指定している。まず，initial 文の 1 行目に clock <= 0; という記述があり，時刻 0 で clock の値は 0 に設定される。一方，initial 文の後の always 文では，下記（**リスト 14.13**）のような記述がなされている。これは，#10（時間単位 10）ごとにそのときの clock の値の反転を clock に代入せよ，という意味である。結果として，時間単位 10 ごとに $0 \rightarrow 1 \rightarrow 0 \rightarrow \cdots$ を繰り返す周期的な信号が生成される。

　一方，リセット信号 res_N は，initial 文の中ですべて指定される。例えば，

182   14. Verilog HDL での RTL 記述方法

```
always #10 begin
        clock <= ~clock;
end
```

リスト 14.13　シミュレーション用記述における
クロック信号の書き方

リスト 14.12 の記述では，時刻 0 で res_N は 1 で，時間単位 25 後に 0 になり，さらに時間単位 20 後に 1 に戻る。

　以上，Verilog HDL を初めて学ぶ人にとって，これだけは知っておくべきと思う事項について説明した。ここまでの内容で，多ビット幅の加算器やカウンタを設計し，FPGA に実装して，動作を見ることが可能である。さらに詳しい内容を学びたい読者は，参考文献に挙げた書籍 1) ～ 3) を参照されたい。

章　末　問　題

【14.1】 4 ビットのデータ信号 dataA と dataB，および，1 ビットの制御信号 cnt を入力信号とし，4 ビットのデータ信号 out を出力信号とする演算器を考える。この演算器は，cnt が 0 のときには dataA と dataB の和を出力し，cnt が 1 のときには dataA と dataB の差を出力するという。この演算器の RTL 記述を作れ。また，入力データを何通りか変えてシミュレーションを行え。

【14.2】 非同期リセットすると 4 ビットの 1111 という初期値に設定され，クロックの立上りエッジで 1 ずつカウントダウンしていく 2 進ダウン・カウンタの RTL 記述を作れ。なお，カウントダウンの結果，0000 に到達したら，つぎのクロックの立下りエッジでは 1111 に戻り，カウントダウンを繰り返すものとする。さらに，想定した回路動作が行えているかどうかをシミュレーションで検証せよ。

引用・参考文献

1) 小林　優：入門 Verilog HDL 記述，CQ 出版 (2009)
2) 木村真也：わかる Verilog HDL 入門，CQ 出版 (2006)
3) 小林　優：FPGA プログラミング大全 Xilinx 編，秀和システム (2016)

章末問題解答

【1.1】　**解表 1.1** となり，この構造で実現されている論理は，$Y = \overline{A + B}$ である。

解表 1.1

入力 A〔V〕	入力 B〔V〕	ノーマル1	ノーマル2	⑥1	⑥2	出力 Y〔V〕
0	0	オフ	オフ	オン	オン	1.2
0	1.2	オフ	オン	オン	オフ	0
1.2	0	オン	オフ	オフ	オン	0
1.2	1.2	オン	オン	オフ	オフ	0

【2.1】（a）この MOS トランジスタは nMOS であり，nMOS では X，Y で電圧の低いほうがソースである。したがって，X がソース，Y がドレインである。

（b）この MOS トランジスタは pMOS であり，pMOS では X，Y で電圧の高いほうがソースである。したがって，Y がソース，X がドレインである。

【2.2】（1）オンする。電子の反転層が形成される。

（2）オンする。ホールの反転層が形成される。

【3.1】　**解図 3.1** に示す。

【3.2】　**解図 3.2** に示す。

【3.3】（1）**解図 3.3** に示す。　（2）$Y = \overline{A + B}$

【4.1】　高純度の多結晶シリコンを電気炉内のるつぼに入れて高温で溶融し，その融液に種となる結晶（種結晶）を浸して，ゆっくりと種結晶を引き上げていくと，棒状の単結晶（インゴット）が得られる。実際の写真や詳細は，自分で調べてみよう。

【4.2】　ソース，ゲート，ドレインを含む部分すべてにリンをイオン注入すると，イオン注入した際に，nMOS トランジスタの上にあるポリシリコンゲートによって，基板へのリン原子の浸透が阻止される。これによって，ソースとドレインがゲートに隣接して自動的に形成される。先に形成したポリシリコンのゲートが，マスクの役割を果たしている。n+拡散マスクの位置ずれが多少起こってもトランジスタは完成するため，微細化を進めるうえでメリットとなる。なんと呼ばれる手法かは自分で調べてみよう。

【4.3】　チップ P の面積 A_P は 1 cm^2 なので，歩留りは $Y_P = e^{-D \cdot A_P} = e^{-1.0 \times 1} \fallingdotseq 0.37 = 37\%$

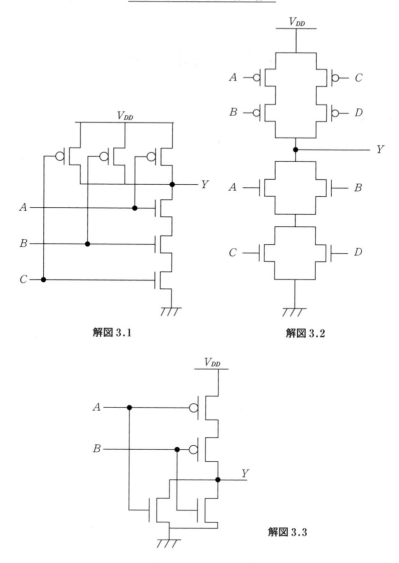

解図 3.1　　　　　　　解図 3.2

解図 3.3

である。一方，チップ Q の面積 A_Q は $0.5 \times 0.5 = 0.25\,\mathrm{cm}^2$ なので，歩留りは $Y_Q = e^{-D \cdot A_Q} = e^{-1.0 \times 0.25} \fallingdotseq 0.78 = 78\,\%$ となる。歩留りが 2 倍以上に上がることがわかる。

【5.1】（1）C_{OX} はゲート酸化膜の単位面積当りの容量である。ゲート面積 $L \times W$ を持つゲート容量を C_g とすると，コンデンサの容量の式から $C_g = k_{OX} \varepsilon_0 \cdot (L \times W)/t_{OX}$

と表されるので

$$C_{ox} = \frac{C_g}{L \times W} = k_{ox}\varepsilon_0 \cdot \frac{1}{t_{ox}} = 3.9 \times 8.85 \times 10^{-12}\,\mathrm{F/m} \times \frac{1}{1.05 \times 10^{-9}\,\mathrm{m}}$$

$$= 3.287 \times 10^{-2}\,\mathrm{F/m^2}$$

（2） $\beta_n = \mu_n C_{ox} \dfrac{W}{L} = 80\,\mathrm{cm^2/V \cdot s} \times 3.287 \times 10^{-2}\,\mathrm{F/m^2} \times \dfrac{240}{60}$

$$= 1.052 \times 10^{-3}\,\mathrm{A/V^2}$$

（3） $V_{gs} = V_{ds} = 1.2\,\mathrm{V}$ を加えたとき，nMOS は飽和領域で動作するので

$$I_{ds} = \frac{1}{2}\beta_n(V_{gs} - V_{tn})^2 = \frac{1}{2} \times 1.052 \times 10^{-3} \times (1.2 - 0.4)^2$$

$$= 0.337 \times 10^{-3}\,\mathrm{A} = 337\,\mu\mathrm{A}$$

（4） nMOS と pMOS で，両者の t_{ox} と k_{ox} が等しいので C_{ox} も等しい。また，nMOS と pMOS の L も等しい。$\beta_p = \beta_n$ にしたいということは，$\mu_p C_{ox}(W_p/L) = \mu_n C_{ox}(W_n/L)$ であるので，$W_p/W_n = \mu_n/\mu_p = 80/40 = 2$。$W_p/W_n$ を 2 にすればよい。

【5.2】 ベータレシオは，例えば nMOS なら $\beta_n = \mu_n C_{ox}(W/L)$ と表されるので，β_n を大きくしたければ，W を大きくし，L を小さくする。さらに，C_{ox} を大きくすることも有力な方法である。具体的には，ゲート酸化膜厚 t_{ox} を小さくする（薄くする）。また，比誘電率の大きな絶縁体をゲート酸化膜に使う（High-k ゲート絶縁膜と呼ばれる）。移動度 μ_n を大きくする方法も有力な方法であり，ひずみシリコンと呼ばれる。これらの方法は，pMOS においても同様である。なお，High-k ゲート絶縁膜とひずみシリコンは，素子の微細化が進んだ現代の MOS トランジスタで，ベータレシオを大きくするための非常に有力な製造技術である。具体的にどんな方法なのか，ぜひ文献を調べてみよう。

【5.3】 $V_{gs} = V_{ds} = 1.2\,\mathrm{V}$ が加えられているため，この nMOS は飽和領域で動作している。飽和領域のドレイン電流は $I_{ds} = \dfrac{1}{2}\beta_n(V_{gs} - V_{tn})^2$ であり，V_{tn} を $0.4\,\mathrm{V}$ から $0.3\,\mathrm{V}$ に下げることによるドレイン電流の増加は，$(1.2 - 0.3)^2/(1.2 - 0.4)^2 \fallingdotseq 1.27$ で 27 % 増加する。

【5.4】 nMOS では，V_{gs} が V_{in} であり，V_{ds} が V_{out} である。一方，pMOS では，ソースが V_{DD} であるため，V_{gs} が $(V_{in} - V_{DD})$，V_{ds} が $(V_{out} - V_{DD})$ となる。答えを，**解表5.1** にまとめる。この表からもわかるように，インバータの入力電圧 V_{in} が $0\,\mathrm{V}$ から V_{DD} まで変化する過程で，nMOS はオフ → 飽和領域 → 線形領域の順に動作状態が変化する。一方，pMOS はちょうど反対で，線形領域 → 飽和領域 → オフの順に動作状態が変化する。

章末問題解答

解表 5.1

グラフ上の位置	V_{in} の条件	nMOS	pMOS
A	$0 \leq V_{in} < V_{tn}$	オフ	線形
B	$V_{tn} \leq V_{in} < V_{DD}/2$	飽和	線形
C	$V_{in} = V_{DD}/2$	飽和	飽和
D	$V_{DD}/2 < V_{in} \leq V_{DD}-|V_{tp}|$	線形	飽和
E	$V_{DD}-|V_{tp}| < V_{in}$	線形	オフ

【6.1】（1）出力 Y に付く負荷容量 C_L は，C_{Y_gate} および INV_1 の接合容量である。$C_L = 192\,C + 3\,C = 195\,C$ であるので

$$t_{pd\_f(a)} = 0.75 \cdot R \cdot C_L = 146.25\,RC$$

（2） INV_1 の立下り遅延時間 $t_{pd\_f\_1}$ は $t_{pd\_f\_1} = 0.75 \cdot R \cdot (12\,C + 3\,C) = 11.25\,RC$
INV_2 は等価抵抗が $R/4$ なので，立上り遅延時間 $t_{pd\_r\_2}$ は

$$t_{pd\_r\_2} = 0.75 \cdot \frac{R}{4} \cdot (48\,C + 12\,C) = 11.25\,RC$$

INV_3 は等価抵抗が $R/16$ なので，立下り遅延時間 $t_{pd\_f\_3}$ は

$$t_{pd\_f\_3} = 0.75 \cdot \frac{R}{16} \cdot (192\,C + 48\,C) = 11.25\,RC$$

$$t_{pd\_f(b)} = t_{pd\_f\_1} + t_{pd\_r\_2} + t_{pd\_f\_3} = 11.25\,RC + 11.25\,RC + 11.25\,RC = 33.75\,RC$$

（3） $t_{pd\_f(b)}/t_{pd\_f(a)} = 33.75\,RC/146.25\,RC \fallingdotseq 0.23$。すなわち，$t_{pd\_f(b)}$ のほうが $t_{pd\_f(a)}$ より短く，約 0.23 倍の遅延時間で済む。このように，（b）のほうが入力から出力までのゲートの段数が多くなっているにもかかわらず，トータルの遅延時間は 1/4 以下になる。これは，CMOS 回路の設計で**バッファリング**（buffering）と呼ばれる技術であり，駆動する負荷容量が著しく大きい場合には，1 段で駆動するよりも，少しずつ W を大きくした多段のインバータで駆動したほうがトータルの遅延時間が短くなる。駆動する負荷容量が著しく大きいかどうかの判断は，ドライバである INV_1 のゲート容量と，駆動する容量 C_{Y_gate} の比を目安にする。これは，インバータのゲート容量が MOS トランジスタの W に比例し，（L が一定なら）W の大きさで駆動能力が決まるためである。遅延時間を最適化するには自身の 3〜4 倍の容量を駆動するのがよい，ということが知られている。図 6.12（a）では，INV_1 のゲート容量と C_{Y_gate} の比を取ると $192\,C/3\,C = 64$ であり，駆動する容量としては大きすぎる。INV_1 の W を大きくすれば INV_1 の遅延時間は短縮できるものの，通常は INV_1 の前段に

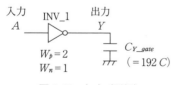

図 6.12 （a）（再掲）

章 末 問 題 解 答　　　　　　　　　　　　　*187*

入力 A を駆動するゲートがあり，INV_1 を大きくするとそのゲートの遅延時間が増大してしまう。こういった場合に有効な手法が，バッファリングである。バッファリングは，W を段階的に大きくした偶数個のインバータを挿入することで，出力の論理を変えないように行われる。

【6.2】（1）時刻 $t=0$ で A が 0 から 1 に変化したとすると，時刻 $t=t_{pd\_f}$ で 1 段目のインバータの出力 T1 が立下る。さらに，時刻 $t=t_{pd\_f}+t_{pd\_r}$ で 2 段目のインバータの出力 T2 が立上り，時刻 $t=t_{pd\_f}+t_{pd\_r}+t_{pd\_f}$ で 3 段目のインバータの出力 Y が立下って A に戻る。このあと，さらに t_{pd_r} 後に T1 が立上り，結果として時刻 $t=t_{pd\_f}+t_{pd\_r}+t_{pd\_f}+t_{pd\_r}+t_{pd\_f}+t_{pd\_r}=3$（$t_{pd\_f}+t_{pd\_r}$）に Y が立上る。これにより，A が再び 0 から 1 に変化することになるので，ここまでを 1 周期分の動作として，再び同じ動作を繰り返す。したがって，発振周期は $T=3$（$t_{pd\_f}+t_{pd\_r}$）である。

（2）$t_{pd}=(t_{pd\_f}+t_{pd\_r})/2$ より，$T=3$（$t_{pd\_f}+t_{pd\_r}$）$=3\times2t_{pd}=6t_{pd}$ となる。

（3）発振周期は $T=N\times2t_{pd}=2Nt_{pd}$ となり，発振周波数は $f=1/T=1/2Nt_{pd}$ となる。

（4）$N=1\,001$ のとき，$f=1/2Nt_{pd}=1/(2\times1\,001\times t_{pd})$ である。いま，$f=40\times10^6$ Hz なので，$1/(2\times1\,001\times t_{pd})=40\times10^6$ となり，$t_{pd}=1/(2\times1\,001\times40\times10^6)\fallingdotseq12.5$ ps が得られる。

【7.1】解答の回路図を**解図 7.1** に示す。

【7.2】解答の回路図を**解図 7.2** に示す。

【8.1】解答を**解図 8.1** に示す。

【8.2】（1），（2）解答を**解図 8.2** に示す。（3）200 ps ごとに切り替わる。

【9.1】（1）3 入力 AND 回路を使って組合せ回路部分を変更した回路を，**解図 9.1**（a）および図（b）に示す。このほかにも別解があるが，いずれも組合せ回路部分の遅延時間は，3 入力 AND 回路 1 段と 2 入力 AND 回路 1 段の遅延時間の和となり，40 ps＋30 ps＝70 ps まで小さくできる。

（2）式（9.2）より，同期回路のクロック周期の最小値を求めると

$$t_{d\_FF}+t_{pd\_max}+t_{setup}=90\,\text{ps}+70\,\text{ps}+60\,\text{ps}=220\,\text{ps}$$

であるので，最大動作周波数は 1/220 ps $\fallingdotseq$ 4.5 GHz となる。

【9.2】セットアップ時間の制約では，クロックスキューがあった場合の最悪のシナリオは，例えば図 9.3 の同期回路なら，クロックの立上りエッジが FF1_A（または，FF1_B）に遅く到着し，FF2 に早く到着するという場合である。なぜなら，FF1_A（または，FF1_B）から Q 出力が出るのが遅れる一方で，FF2 の締切りの時刻が早まるためである。結果として，式（9.2）はクロックスキューを考慮すると次式のようになる。

188 章末問題解答

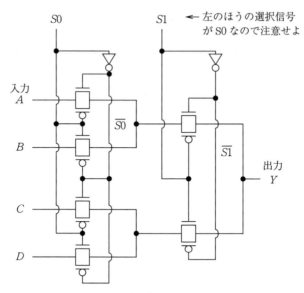

解図 7.1 【7.1】の解答の回路図

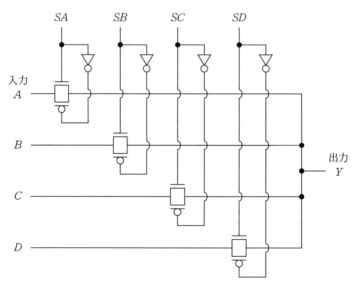

解図 7.2 【7.2】の解答の回路図

章末問題解答

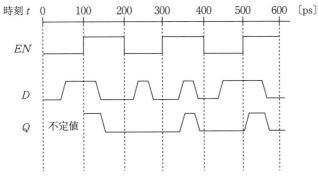

解図 8.1 【8.1】の解答

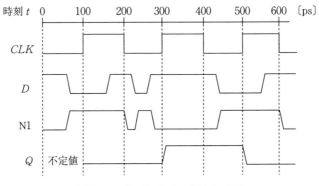

解図 8.2 【8.2】(1), (2) の解答

$$t_{d\_FF} + t_{pd\_max} + t_{setup} + t_{skew} \leq T_c$$

この式からわかるように，t_{skew} の分だけ同期回路の最小クロック周期が大きくなるため，その逆数である最大動作周波数は低下する。

また，ホールド時間の制約では，クロックスキューがあった場合の最悪のシナリオは上記とちょうど逆になる。例えば，図 9.7 の回路なら，クロックの立上りエッジが FF2 に早く到着し，FF3 に遅く到着するという場合である。結果として，式 (9.3) は次式のようになる。

$$t_{d\_FF} + t_{pd\_min} - t_{skew} \geq t_{hold}$$

インバータを 2 段挿入して t_{pd_min} をせっかく大きくしても，t_{skew} の分だけ引かれるので，場合によっては，さらにインバータを挿入しなければならなくなる。このようにクロックスキューによって，セットアップ時間の制約，ホールド時間の制約はどちらも厳しくなる。

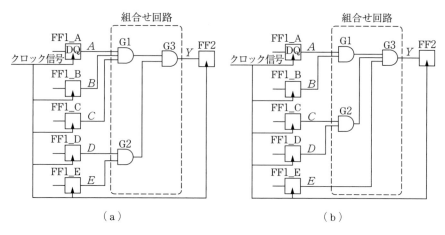

解図 9.1

【10.1】例えば，Min-Cut 法が挙げられる．どのような手法かは自分で調べてみよう．

【10.2】例えば，迷路法が挙げられる．どのような手法かは自分で調べてみよう．

【10.3】（1）MOS トランジスタは，ドレイン電流の大きさが小さくなるとき Slow になる．5 章で説明したように，ゲート電圧に電源電圧 V_{DD} が印加された状態で nMOS のドレイン電流 I_{ds} は，例えば飽和領域では

$$I_{ds} = \frac{1}{2}\mu_n C_{ox}\frac{W}{L}(V_{DD}-V_{tn})^2$$

と表される．この式から，nMOS のしきい値 V_{tn} が大きくなる，あるいは，L が大きくなると I_{ds} が小さくなる．pMOS も同様である．したがって，MOS トランジスタが Slow になるのは，V_t（の絶対値）が大きくなるときであり，また，L が大きくなるときである．

（2）上述の（1）の式から，電源電圧 V_{DD} が低くなると I_{ds} が小さくなるので，MOS トランジスタは Slow になる．

（3）温度によって変化する物理パラメータは，上述の（1）の式の中で二つあり，μ_n と V_{tn} である．温度が高くなると，μ_n も V_{tn} も小さくなる．μ_n が小さくなると I_{ds} は減少するが，V_{tn} が小さくなると I_{ds} は増加する．電源電圧 V_{DD} が V_{tn} より十分高いときには，μ_n のほうが I_{ds} に対して大きく影響するため，温度が高くなると MOS トランジスタは Slow になる．

章末問題解答

【11.1】（1）3入力 NAND 回路の真理値表を**解表 11.1** に示す。真理値表から，$P_0=1/8$, $P_1=7/8$ なので，スイッチング確率 $\alpha=(1/8)\times(7/8)=7/64$ で，約 0.11 くらいの値である。

（2）N入力 NAND 回路では，$P_0=1/2^N$, $P_1=1-1/2^N$ と表されるので，スイッチング確率 $\alpha=1/2^N(1-1/2^N)$ である。N と α の関係をプロットしたものを**解図 11.1** に示す。入力数が増えるにつれ，NAND 回路のスイッチング確率は小さくなっていくことがわかる。

【11.2】 構成 1 の 1 段目の AND ゲートのスイッチング確率は 3/16 である。2 段目と 3 段目の AND ゲー

解表 11.1 3入力 NAND 回路の真理値表

入力			出力
A	B	C	Y
0	0	0	1
0	0	1	1
0	1	0	1
0	1	1	1
1	0	0	1
1	0	1	1
1	1	0	1
1	1	1	0

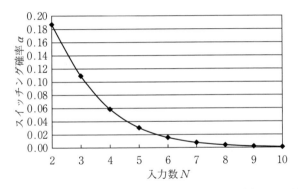

解図 11.1 NAND 回路の入力数 N とスイッチング確率 α の関係

トのスイッチング確率を計算すると，それぞれ 7/64, 15/256 となる。スイッチング確率が 1 である場合の AND ゲート 1 個の消費電力を 1 とするので，構成 1 の回路全体の消費電力は，$(3/16)+(7/64)+(15/256)=91/256$ となる。一方，構成 2 では，A と B の AND を取るゲートのスイッチング確率は 3/16，C と D の AND を取るゲートのスイッチング確率も 3/16 で，両方の出力の AND を取るゲートのスイッチング確率は 15/256 となる。結果として，構成 2 の回路全体の消費電力は，$(3/16)+(3/16)+(15/256)=111/256$ となる。どちらも A, B, C, D の論理積を計算する回路であり，両者とも AND ゲート 3 個で構成されるが，スイッチング確率が異なることが原因で，消費電力は構成 2 のほうが 22 % 程度大きい。

【12.1】（1）$c=1$，$b=1$，$a=0$，SRAM セル ④　　（2）$c=0$，$b=1$，$a=1$
（3）$y=\bar{a}+b+\bar{c}$

【12.2】① 0，② 1，③ 1，④ 1，⑤ 0，⑥ 1，⑦ 0，⑧ 1

【12.3】 LUT の入力数 n が小さいと，複雑な論理を実現するときに一つの LUT では実現できないため，複数の LUT を多段に接続して実現する必要がある。これに対し n が大きいと，一つの LUT で複雑な論理が実現できる。n が小さいもののほうが LUT 単体の遅延時間は小さいが，多段接続する必要があるため，クリティカルパス上の LUT の個数が増える。さらに，プログラマブル・インターコネクトを通る個数も増えるため，その分の遅延時間が増える。一方，n が大きいと，何段も LUT をつなぐ必要がない。結果として，n が大きいほうがクリティカルパスの遅延時間が短くなるという利点がある。n が大きい場合の欠点は面積効率である。n が大きいと，入力数の少ない論理を実現する場合に無駄が多くなり，面積効率が悪くなる。

【13.1】（1）正　　（2）誤（階層構造を持ったモジュールも記述できる）　　（3）誤（モジュール名の先頭の文字は，数字であってはいけない）　　（4）正　　（5）誤（信号値 X は不定値の意味である）　　（6）正　　（7）正　　（8）誤（reg [7:0] counter; もしくは reg [0:7] counter; が正しい）　　（9）誤（中カッコ { } は Verilog HDL では連結演算子であり，ブロック化には使えない）　　（10）誤（Verilog HDL ではインクリメントの演算子は定義されていない）

【14.1】 記述例を示す。

```
module add_sub(
   input    [3:0]      dataA,  dataB,
   input               cnt,
   output   [3:0]      out
);

   assign  out  = (cnt==0)?
                     (dataA+dataB): (dataA-dataB);
endmodule
```

章 末 問 題 解 答

【14.2】 記述例を示す。

```
module    down_counter_reset (
  input         clock, res_N,
  output reg    [3:0]  counter);
  always @(posedge clock or negedge res_N) begin
            if (!res_N)
                    counter <= 4'b1111;
            else
                    counter  <= counter - 1;
  end
endmodule
```

索　　引

【あ】

アクセストランジスタ　97
アセンブリ　43
後工程　37
アドレスデコーダ　96
アンテナルールチェック
　126

【い】

イオン注入　42
インゴット　37
インスタンス　175
インスタンス名　175
インバータ　23

【う】

ウェハ　37
ウェルタップ　29

【え】

エッチング　41

【お】

オフ状態　51
オン状態　51
オン抵抗　66

【か】

化学気相成長　42
拡散容量　57
カスケード接続　101
価電子　15

【き】

寄生容量　47

機能検証　117
機能設計　117
基板タップ　29
逆バイアス　18
逆バイアス状態　18
逆方向電圧　18
共有結合　15

【く】

空乏層　20
駆動　70
組合せ回路　86,100
組合せ論理回路　101
組立て　43
クリティカルパス　102
クリーンルーム　38
クロック-Q 遅延時間　102
クロックゲーティング　134
クロックスキュー　114
クロックツリー　114
クロックツリー生成　114

【け】

結晶　15
ゲート　12
ゲート酸化膜　12,42
ゲート長　31
ゲート電圧　50
ゲート幅　31
ゲート容量　56
ゲートリーク電流　137
現像　41

【こ】

コンタクトホール　29
コンフィグレーション　142

コンフィグレーション
　データ　152

【さ】

最小伝搬遅延時間　102
最大伝搬遅延時間　102
最大動作周波数　107
サブスレショルドリーク
　電流　137
酸化　41

【し】

しきい値電圧　19
識別子　155
システム設計　116
実効チャネル長　55
自動レイアウト　118
ジャンクション容量　57
充電　48
自由電子　15
順序回路　86
順バイアス　17
順方向電圧　17
ショックレーモデル　54
シラン　42
シリコンウェハ　37

【す】

スイッチ素子　1
スイッチング確率　130
スイッチング動作　62
スタンダードセル　121
ステップ入力　67
スルー　89
スレーブラッチ　93

索　引

【せ】

正 孔	16
設計フロー	116
接合容量	57
セットアップ時間	104
セットアップタイム	104
セル	118
セルライブラリ	118
ゼロバイアス状態	18
線形領域	52
センスアンプ	97
選択回路	81

【そ】

相補的 MOS 回路	24
速度飽和	55
ソース	12

【た】

ダイシング	43
ダイナミック電力	130
タイミング検証	123
タイミング設計	100
タイミングチャート	88
立上りエッジ	93
立上り遅延時間	64
立下り遅延時間	64
立下り伝搬遅延時間	64

【ち】

遅延時間	46,100
チャネル	20,124
チャネル長変調効果	55

【て】

テクノロジマッピング	121
デザインルール	126
テストベクタ	177
テストベンチ	178
テープアウト	119

【と】

電圧回復回路	148
伝送ゲート	83
等価抵抗	65
同期回路	104
ドーピング	15
ドープする	15
ドライバ	73
トランスペアレント	89
ドレイン	12
ドレイン電圧	50
ドレイン電流	50

【ね】

ネット型	157
ネットリスト	118

【は】

配 線	29,118
配線容量	47
配 置	118
バ ス	158
パ ス	102
パストランジスタ	83
バッファ	112
バッファリング	186
ハードウェア記述言語	117
ばらつき	125
パワーゲーティング	136
反転層	20
半導体チップ	1

【ひ】

微細化技術	8
ビットストリーム	152
ビット線	97

【ふ】

ファンアウト 4	70
フィーチャーサイズ	8

フォトリソグラフィ	38
フォトレジスト	38
負荷容量	58
複合ゲート	27
不純物元素	15
フッタ方式	139
不定値	92
歩留り	43
プリチャージ	98
プロセスばらつき	125

【へ】

ベータ比	52
ベータレシオ	52
ヘッダ方式	139

【ほ】

放 電	48
飽和領域	52
保 持	89
ホッピング	16
ポートリスト	154
ホール	16
——の反転層	21
ホールド時間	104
ホールドタイム	104
ホールドバッファ	112

【ま】

前工程	37
マスク	38
マスターラッチ	93
マルチプレクサ	81

【み】

密度ルールチェック	126

【む】

ムーアの法則	9

【め】

メモリセル	96
メモリセルアレイ	96

【も】

モジュール	154
——の階層化	175
モジュール宣言	154
もれ電流	137

【よ】

読出し／書込み回路	96

【ら】

ラッチ回路	88

【り】

リーク電流	137
リーク電力	136
リセット	172
リングオシレータ	75

【る】

ルックアップテーブル	144

【れ】

レイアウト検証	119
レイアウト図	29
レイアウトデータ	116
レイアウトパターン	29
レクチル	38
レジスタ型	157
レジスト	38

【ろ】

ロ ウ	122
露 光	41
論理合成	117

【わ】

ワード線	97

【アルファベット】

α 乗則	56
always 文	171
assign 文	164
CAD	114
case 文	168
CMOS	84
CMOS インバータ	24
CMOS 回路	24
CMOS 複合ゲート回路	26
CMP	126
CPU	1
CTS	114
CVD	42
D フリップフロップ	92,170
DRC	126
FPGA	1,141
function 文	166
HDL	117
IC チップ	1
initial 文	179
LSI	1
LUT	144
LVS	126
MOS	6
MOS 構造	12
MOS トランジスタ	13
MOS 容量	57
n 型半導体	15
nMOS トランジスタ	13
NOT 回路	4
n-well	28
p 型半導体	16
P & R	118
PLD	141
pMOS トランジスタ	13
pn 接合	17
PVT ばらつき	125
RC 遅延モデル	65
reg 型	157
RTL	117
RTL シミュレーション	117
SoC	102
SRAM	96
STA	118
Verilog HDL	120
VHDL	120
VIA	123
wire 型	157

【数字】

2 進カウンタ	174

―― 著者略歴 ――

- 1982 年　早稲田大学理工学部電気工学科卒業
- 1984 年　早稲田大学大学院理工学研究科修士課程修了（電気工学専攻）
- 1984 年　株式会社東芝入社
- 1993 年　米国スタンフォード大学大学院客員研究員
- 1995 年　株式会社東芝に復職
- 2000 年　博士（工学）（早稲田大学）
- 2003 年　芝浦工業大学助教授
- 2005 年　芝浦工業大学教授
- 　　　　　現在に至る
- 2020 年　電子情報通信学会フェロー

FPGA 時代に学ぶ集積回路のしくみ
Introduction to Digital VLSI Design in FPGA Era　　　© Kimiyoshi Usami 2019

2019 年 6 月 21 日　初版第 1 刷発行　　　　　★
2024 年 3 月 5 日　初版第 3 刷発行

検印省略	著　者	宇佐美　公良
	発行者	株式会社　コロナ社
	代表者	牛来真也
	印刷所	萩原印刷株式会社
	製本所	有限会社　愛千製本所

112-0011　東京都文京区千石 4-46-10
発行所　株式会社　コロナ社
CORONA PUBLISHING CO., LTD.
Tokyo Japan

振替 00140-8-14844・電話(03)3941-3131(代)
ホームページ https://www.coronasha.co.jp

ISBN 978-4-339-00924-8　C3055　Printed in Japan　　　　（中原）

JCOPY　＜出版者著作権管理機構　委託出版物＞

本書の無断複製は著作権法上での例外を除き禁じられています。複製される場合は、そのつど事前に、出版者著作権管理機構（電話 03-5244-5088, FAX 03-5244-5089, e-mail: info@jcopy.or.jp）の許諾を得てください。

本書のコピー、スキャン、デジタル化等の無断複製・転載は著作権法上での例外を除き禁じられています。
購入者以外の第三者による本書の電子データ化及び電子書籍化は、いかなる場合も認めていません。
落丁・乱丁はお取替えいたします。

コンピュータサイエンス教科書シリーズ

（各巻A5判，欠番は品切または未発行です）

■編集委員長　曽和将容
■編集委員　岩田　彰・富田悦次

配本順		著者	頁	本体
1. （8回）	情 報 リ テ ラ シ ー	立花康夫 曽和将容共著 春日秀雄	234	2800円
2. （15回）	データ構造とアルゴリズム	伊 藤 大 雄著	228	2800円
4. （7回）	プログラミング言語論	大山口通夫 五味弘共著	238	2900円
5. （14回）	論 理 回 路	曽和将容 範公可共著	174	2500円
6. （1回）	コンピュータアーキテクチャ	曽 和 将 容著	232	2800円
7. （9回）	オペレーティングシステム	大 澤 範 高著	240	2900円
8. （3回）	コ ン パ イ ラ	中田育男監修 中井央著	206	2500円
11. （17回）	改訂 ディジタル通信	岩 波 保 則著	240	2900円
12. （16回）	人 工 知 能 原 理	加納政芳 山田雅之共著 遠藤守	232	2900円
13. （10回）	ディジタルシグナル 　　　　プロセッシング	岩 田 彰編著	190	2500円
15. （18回）	離 散 数 学	牛島和夫編著 相利廣民 朝廣雄一共著	224	3000円
16. （5回）	計 算 論	小 林 孝次郎著	214	2600円
18. （11回）	数 理 論 理 学	古川康一 向井国昭共著	234	2800円
19. （6回）	数 理 計 画 法	加 藤 直 樹著	232	2800円

定価は本体価格＋税です。
定価は変更されることがありますのでご了承下さい。

‖‖‖‖‖‖‖‖‖‖‖‖‖‖‖‖‖‖‖‖‖‖‖‖‖‖　図書目録進呈◆